大是文化

讓三代人
愛上數學的
啟蒙書

数学物語

U0144024

日本暢銷90年！銷售破50萬本！
古代的數學發明，經歷了什麼故事，
變成小學、中學、高中、大學
非學不可的公式和原理？

在普林斯頓留學，
與愛因斯坦結下友誼的已故數學家
東京工業大學名譽教授

矢野健太郎 | 著

林巍翰 | 譯

目 錄

誠摯推薦

作者從遠古的人類開始，談論各地不同的文明如何計數，並非只是呈現考古知識，而是深入思想層面的探究。五進位？十進位？二十進位？甚至六十進位？作者娓娓道來說給你聽。接著作者再談論古希臘時代以降的數學家們，是如何一代一代發展出令人驚嘆的數學思想。從利用相似形的觀念測量金字塔的高度、基本算術發展到代數方程，再從方程式發明出解析幾何學，這跨越兩千多年的歷史軌跡，都是數學家們智慧的淬鍊，讓人讀來心馳神往、陶醉不已。

──北一女中數學老師，國際數學奧林匹亞競賽金牌獎得主／王嘉慶

我喜歡這本書的內容，它介紹人物和數學史的故事時，比一般數學書更注重人生歷程中的其他非數學面向，讓人物的刻畫很生動；一些觀念的來歷和解釋也很細緻。

──趣學數學 HFIMath／Joey

推薦序

感受到數學思維的威力，怎麼不愛上數學！

國立臺灣師範大學數學系名譽教授／林福來

　　這是一本故事書。在歷史的軸線上，述說著自遠古人類祖先如何認識數字，一路推進到十七世紀，我們小學、國中數學單元學到的內容，包括這些公式、定理，是由哪些人、如何被創造、怎麼被發現的。一本故事書，又如何能「讓人愛上數學」？閱讀後，我跟大家分享幾項特點。

一、故事超乎想像，趣味十足

　　很多人喜歡養寵物，如貓、狗、馬、鳥等。主人與動物之間往往互動良好，寵物通常也會為人留下聰明的印象。但動物到底有多聰明？怎麼檢測牠們的 IQ（Intelligence Quotient，智能商數，簡稱智商）？本書

在一開始就問，動物能分辨數量多寡嗎？這本書的故事調性，在於激發讀者的想像力；而有趣，則促使我們想更親近故事的背景知識！

二、解開讀者的疑惑

正負得負，負負得正！有關正、負數的乘、除運算法則，很多人在國中時都是用背的，而不知其所以然！本書用專章（第 11 章）說明這些法則，簡單明白，很有說服力，讓讀者感受到：「運算法則原來如此！」同時也解除了只能依靠背誦，擔心因此遺忘或記錯的不安。

三、「探索知識源頭」的迷人之處

學校所教的數學知識，聚焦概念與程序性知識，很少追溯它們是如何產生的。本書則著重述說數學單元內容的源起。例如，巴比倫人的數系為何會採用六十進位制，跟一個圓的圓周角是 360 度有關嗎？巴比倫人認為地球是宇宙中心，從地球觀察太陽，每天偏的角度就是 1 度。這是角度測量的起源。

再如，數學知識體系的形式表徵「定理與證明」，整個數學殿堂建築，都奠基於此形式。西元前三世紀歐幾里

得（Euclid）編著的《幾何原本》（*Euclid's Elements*），就是形式化數學體系的典範。那麼最早創用「定理與證明」表徵的，是歐幾里得嗎？不對，比歐幾里得早三百年的泰利斯（Thales of Miletus），就已形式化數學知識了！「他從埃及人豐富的經驗中，提取一般認為是正確的內容，然後將其以定理的方式呈現並證明。」泰利斯證明的幾何定理，包括「兩直線相交，對頂角相等」、「等腰三角形，兩底角相等」、「ASA（兩角，且夾邊相等）三角形全等定理」。探討知識源頭，是迷人的。

四、搭配生活軼事，令數學家更可親

　　本書第二部，以擁有巨大成就的數學家定章名，從西元前六世紀的泰利斯到十七世紀的牛頓（Isaac Newton）。泰利斯研究天文，預言西元前 585 年 5 月 28 日有日蝕。當時兩個國家正在激烈戰鬥。當天天色突然逐漸黯淡，白晝變為黑夜，交戰雙方見狀，都認為：「一定是兩國長久戰爭，激怒天神，趕快停戰，以平息天神的憤怒吧！」雙方立刻收兵，將士們也都對泰利斯讚譽有加。

再說到牛頓，他愛貓，家裡各個房間之間都打了貓洞。有一天，牛頓的母貓生了好多隻小貓。牛頓立即吩咐男僕，在原貓洞旁再打幾個小洞，方便小貓進出。直到男僕提醒說，小貓也可鑽大洞通行啊！牛頓才恍然！這樣的牛頓，當然可親了。

五、問題解決的思維，貫穿所有故事

如何用一根木樁，測量幾十公尺高的金字塔高度？如何用一條繩子，做出直角？

除了數學問題解決的思維，一般化、特殊化、猜想、說服等都自然的融入故事中，讓讀者容易品味。此外，關於日常生活問題的解題思維，讀起來也津津有味。例如，泰利斯原本是鹽商，以騾子馱鹽運送販賣。有一次騾子在河中跌跤，爬起來後因鹽溶於水，背上變輕了。好逸惡勞，騾子表現得淋漓盡致，每次過河時都故意跌跤。如果你是泰利斯，又該如何糾正騾子不利於主人的行為習性？

在閱讀過程中，體驗了數學思維用於解決問題的威力，又怎能不愛上數學！

第一部

算數與數字

第一章

動物能分辨數量嗎？

大家是否曾想過，鳥類、狗、馬、猴子這些動物，知不知道什麼是「數字」？

有一則有趣的軼事，就與這個問題有關。

據說有個人在樹林裡發現了一個鳥巢。他趁著成鳥不在，靠近鳥巢一看，發現裡面有 4 顆蛋，便拿走 1 顆。然而，等到成鳥回巢後，好像完全沒有注意到蛋變少了。於是那個人之後又趁成鳥離巢時，再拿走了 1 顆。但成鳥這次歸巢後，似乎發現蛋少了，或許是警覺到此地危險、不宜久留，便飛離這個巢，再也沒有回來。

如果這個故事是真的，那麼這隻成鳥雖然無法分辨 4 個和 3 個的不同，卻能知道 4 個和 2 個的差異。

國外也有一則類似的故事。某一天，城堡的主人發現有隻烏鴉在高塔裡築巢，於是打算活捉牠。然而，只要城主一走進高塔，烏鴉就會立刻飛離，直到城主離開後才會回巢。如此重複幾次後，城主突然心生一計。他叫來 2 名隨從，命令他們先同時進到塔裡，等過了一會兒之後，其中一名隨從先離開高塔，等烏鴉回巢後，塔內的另一名隨從就能活捉牠了。但烏鴉沒有上當，每當

2 名隨從走進高塔時，烏鴉就會飛出去，即便其中一人先離開高塔，烏鴉也不回巢，直到 2 名隨從都離開了之後，才會返回。

城主發現烏鴉沒有上當，便又派了 3 名隨從執行這個計謀。只是烏鴉這次依舊沒有中計，牠只要看到 3 個人走進塔裡，就立刻飛離鳥巢，即便其中 1 人或 2 人離開，牠也不會回來。一定要等到 3 個人都離開，牠才肯飛回鳥巢。

城主見狀後仍然不死心，於是又派了 4 名隨從來執行計畫，可是烏鴉依舊沒有上當。

不死心的城主決定要和這隻烏鴉耗下去，這次他派出 5 名隨從來執行任務。而當烏鴉看到 5 個人進塔後，和之前一樣、立刻飛離高塔。接著，第一位、第二位、第三位隨從相繼走出高塔，烏鴉都沒有回巢。直到第四個人離開塔後，烏鴉或許是以為所有人都離開了，便返回鳥巢，結果就被第五位留在塔裡的隨從逮住。

如果這個故事屬實，表示烏鴉顯然能區分數量 2 和 1、3 和 1、3 和 2、4 和 1、4 和 2、4 和 3，以及 5 和 1、

5和2、5和3的差異，但無法分辨5人和4人有什麼不同。

　　或許前面提到的，不過是口耳相傳的兩則民間故事而已，但關於鳥類、狗、猴子等動物到底了不了解數字，實在是有趣的議題，所以也有許多心理學家為此做了不少相關實驗。接下來，就讓我為各位讀者簡單介紹一下這些實驗的結果。

　　我們可以從針對日本歌鴝（按：音同「渠」）、烏鴉、鴿子、雞、鸚鵡所做的實驗發現，這些鳥類似乎能區分2和1、3和1、3和2、4和1、4和2、4和3為止的數量。當然，鳥類不會像人類一樣數數，牠們只能用眼睛目測諸如3個和2個等差異。

　　心理學家們也針對老鼠、狗和馬，做了不少與鳥類同樣的實驗。他們發現，上述的動物都能分辨1到3（極少數的情況可以到4）為止的數量。另外，學者們在針對猴子和黑猩猩的實驗發現，猴子大致上可以辨識1個到3個左右的數量，而黑猩猩則是可辨識1個到5個。

第二章

遠古人類如何數數？

　　前面曾提到，鳥類、狗、猴子等動物，能區分3和1、3和2、4和1、4和2、4和3等數量的差異，但動物們其實不了解數的概念。

　　而人類的老祖宗，或是今天依然生活在南太平洋島嶼和澳洲、非洲、南美洲等地域的土著民族，又是怎麼理解數字的？這個有趣的問題吸引了不少學者研究，接下來將會介紹幾項研究成果。

　　在進入目前已知的人類歷史前，我們的祖先如何理解數字？關於這一點，由於現今幾乎沒有有效的研究方法能一探究竟，於是學者們便嘗試藉由詳細研究全球各地的原始土著民族如何理解數字，以推測古代人類對於數的認識。

　　根據學者們深入南太平洋的島嶼，以及澳洲、非洲和南美洲偏遠地區調查研究後發表的結果，知道這些地區的土著們只會數到2為止。超過2以上的數，便一律稱之為「很多」。

　　另外，澳洲和新幾內亞島之間的海峽有許多島嶼，這裡的土著民族，雖然會用以下的方式計算：

1

2

3……2 和 1

4……2 和 2

5……2 和 2 和 1

6……2 和 2 和 2

但只有極少數的人能理解到 4 為止的數字,幾乎沒有人能理解到 7。

然而,隨著生活環境越來越複雜,土著民族終究還是得處理較大的數字。遇到這種情況時,大家猜猜他們是用什麼方法應對?

假設今天某人擁有 8 隻家畜,如果他會算數的話,就能用數字記住自己擁有的數量。但對他來說,8 這個數字過於龐大,於是他決定用別的方法幫自己記憶。

他會先在自家附近找一棵樹,然後在樹幹上刻下痕跡,1 道刻痕對應一隻牲畜,於是樹幹上就有了 8 道

刻痕。這麼一來，就算他對 8 這個數字沒有概念，仍然可以知道自己的家畜有沒有短少。太陽下山時，他只要對照家畜和刻痕，就能知道自己的家畜是否全部平安歸來。如果數量與刻痕相符，代表一隻都沒少；如果刻痕數量比家畜多，就表示有家畜走丟了。

日文中的「勘定」（計數之意）相當於英文的「tally」，這個英文字彙源自於拉丁文的「talea」，有切割之意。相信我們的祖先，也是用和這位土著民族相同的方法來計算的。

此外，土著們還會用另一種方法計數。例如，某位酋長麾下有 30 名部屬，如果這位酋長能數到 30，就能透過數字記住自己有幾名部屬。然而，對酋長來說，30 這個數字過於龐大，超過了能計算的範圍，於是他想出了一個方法。他先給每位部屬 1 個小石子，然後再把小石子收回來。此時，小石子的數量會是 30 個。

等到酋長下次召集所有部屬時，只要再把小石子拿出來，逐一發給在場的部屬，就能知道是否到齊了。若小石子全部發完，則表示全員集合完畢。如果酋長手邊

還有小石子，則表示還沒到齊。

英文的「calculus」一詞意指計算法，它是從拉丁語的「calculus」演變而來，這個字就是指小石頭。由此可推知，人類祖先計數的方法，應該也和這位酋長相同。

不懂計數，依舊能比較多寡

像這樣，當有兩堆不同的物品在你眼前，若想知道它們的數量是否一樣，或其中一堆的數量是否多於或少於另一堆，就可使用一對一配對的方法。

舉例來說，現在房間裡有幾張椅子和幾位客人，此時如果沒有椅子空著、也沒有人站著，就表示椅子的數量和客人人數相同；如果有空椅子、沒有人站著，則表示椅子的數量比客人多。另外，要是椅子都坐滿，卻有客人站著的話，表示客人的數量比椅子多。利用這種方法，就算不去數有幾張椅子或幾位客人，也可以知道兩者的數量究竟何者較多、何者較少。

如前所述，當我們看到兩堆物品時，把其中一堆

和另一堆一個個相互匹配，就稱為「一對一對應關係」
（one-to-one correspondence）。若這兩堆物品核對的結
果剛好相符，則數量相同。

　　先前提到土著使用的計數方法，就是讓家畜數量與
樹幹的刻痕形成一對一的對應關係。另外，前述的小石
子，也是酋長用來與部屬建構一對一對應關係而準備的。

　　由此可知，土著民族會利用一對一的對應關係計
算物品數量，而用來與計算的物品形成一對一關係的材
料，其實就在身邊。

　　例如鳥類羽毛、三葉草葉子、動物的腳或是自己其
中一隻手的手指等。由此可以推知，土著們藉由這種方
式，記住了用於表示數字 2、3、4、5 的事物。

　　然而，當需要計算時，鳥類羽毛、三葉草的葉子、
動物腳等物品不會經常出現在身邊，土著們便開始利用
隨時能派上用場的其他身體部位，來表示對應的數字。

　　這裡和大家分享一個著名的案例。生活在英屬巴布
亞領地（按：Territory of Papua，1883 年至 1975 年間是
英國於新幾內亞島東南部的領地。1975 年後巴布亞領地

獨立為巴布亞紐幾內亞獨立國，簡稱巴紐）東北地區、使用巴布亞語的原住民族，雖然無法和我們一樣用數1、2、3、4……的方式來計數，但是他們會用身邊的東西和身體各個部位，分別對應到不同的數字。

1 →右手的小指。

2 →右手的無名指。

3 →右手的中指。

4 →右手的食指。

5 →右手的拇指。

6 →右手的手腕。

7 →右手的手肘。

8 →右肩。

9 →右耳。

10 →右眼。

11 →左眼。

12 →鼻子。

13 →嘴巴。

14 →左耳。

15 →左肩。

16 →左手的手肘。

17 →左手的手腕。

18 →左手的拇指。

19 →左手的食指。

20 →左手的中指。

21 →左手的無名指。

22 →左手的小指。

據說，很少有土著民族懂得利用從右手的小指到左手的小指等身體部位，來對應數字。

第三章

十根手指頭和十進位法

古代的人類透過上一章介紹的方法，逐漸了解什麼是「數」。

他們還進一步發現，要記憶或算數時，比起使用刻痕、小石子或身體的其他部位，利用自己的手指和腳趾會更為方便。

若是用手指、腳趾來數數的話，當數完 1、2、3、4、5 後，剛好用完一隻手（腳）的指頭，所以原始人類便自然而然的，使用「5」來區隔。

在格陵蘭島上的原住民族，還會使用以下的方式來統整數字的計算。

1。

2。

3。

4。

5（一隻手數完）。

6（一隻手加 1）。

7（一隻手加 2）。

8　（一隻手加3）。

9　（一隻手加4）。

10　（兩隻手數完）。

有不少證據顯示，遠古的人類也是用手指來數數，然後逐漸產生了以「5」作為區隔的思維。例如，在梵語和波斯語中，數字「5」的發音，就和「手」非常相似。

另外，時鐘面板上使用的羅馬數字，從1到4為止，都只使用與數字相同的棒子來表示，

I、II、III、IIII（或是 IV）

但數到了5，則改用「V」這個符號，取代並列的直立棒子。由此可以發現，數字到了5就是一個間隔。5之後的數字為：

VI、VII、VIII、VIIII（或是 IX）

這種寫法就是以5加1；5加2；5加3；5加4的概念來表示。這與前述格陵蘭島的原住民族使用的方法相同。然後，當數到了10的時候，則用「X」來表示。

這個「X」是由正 V 和倒 V 合在一起形成的，這也和格陵蘭島的原住民族以「兩隻手數完」來表示 10 的情況相同。

接下來，我再和讀者們分享法國農民如何用乘法計算的有趣例子。

用手指也能計算乘法

假如現在問大家「6×8 是多少」，相信大家都會利用九九乘法背出答案，立刻回答 6 乘以 8 等於 48。然而有意思的是，法國奧弗涅（Auvergne）地區的農民只會數字小於 5 的九九乘法，如果數字大於 5 的話，就不會計算了。

如果想計算 6 乘以 8 等於多少，奧弗涅的農民會先用 6 減掉 5，接著彎曲一根右手手指，然後用 8 減掉 5，接著彎曲左手的 3 根手指。如此一來，就會變成右手有 4 根、左手有 2 根伸直的手指。接下來，他們會把彎曲的手指數量相加（右手 1 根加上左手 3 根）得到的「4」，

當成十位數；再把伸直的手指數量相乘（4乘以2）所得到的「8」當成個位數，就會得到48了。

如何，這種計算方法是不是很奇特？然而，這也確切的證明了人類祖先是以「5」作為區隔來計算。

前面曾提到，格陵蘭島的原住民會用一隻手來數1、2、3、4，等一隻手用完後，就變成一隻手加1……到一隻手加4，然後用完兩隻手的方式來數數。如果數量超過「10」的話，他們就會把腳指頭拿來用，像下面這樣用手腳來計算。

11（兩隻手加1）。

12（兩隻手加2）。

13（兩隻手加3）。

14（兩隻手加4）。

15（兩隻手加一隻腳）。

16（兩隻手加一隻腳加1）。

17（兩隻手加一隻腳加2）。

18（兩隻手加一隻腳加3）。

19（兩隻手加一隻腳加 4）。

20（兩隻手加兩隻腳，一個人最多數到此為止）。

如果數量太多，雙手加上雙腳還算不完的話，這時就會借一個人來用，如下一直算下去：

21（一個人加 1）。

22（一個人加 2）。

23（一個人加 3）。

24（一個人加 4）。

25（一個人加一隻手）……。

由此看來，一個人也就代表 20，這好像成了新的間隔單位。我們可以從今天英文和法文中「20」這個單字，發現人類的老祖宗們，曾經以 20 為單位來計算數字的證據。

例如，英文中的 70，可以刻意說成三個 20 和 10（three score and ten）。另外，法文中的 80 和 90，也

可用四個 20（quatre-vingts）和四個 20 和 10（quatre-vingts-dix）來表示。

　　人類祖先就像前述那樣，用手指和腳趾來數數。然而，時間久了之後，他們發現用腳趾頭算術，其實很不方便。更何況腳趾也不能像手指那樣輕易彎曲。他們意識到，只用手指來數數最方便，因為雙手手指加起來共有 10 根，數東西時能以 10 作為單位。這種利用 10 和其他數字來計算的方法，就稱為「十進位」。

　　現在我們計算數量時，很理所當然的使用十進位，它的便利性深受肯定。

　　讀到這裡，相信大家已經了解了，雖然這一章的故事看似平凡無奇，但對於古人來說，思考數字、找出方便的計數方法，其實用了不少心思。

第四章

尼羅河帶來的恩賜

　　到目前為止，本書已經介紹了原始部落的人是如何數數的，並從他們身上一窺人類的遠祖，如何逐步理解數字。

　　接下來我將為大家介紹，那些曾思考數字的人類，如何推進文明和數學的發展。

　　要了解數學的起源，首先得從最早締造文明的國度開始研究。眾所周知，它們分別是埃及、巴比倫、印度和中國，這四個文明的發展，都與大河密不可分。正如尼羅河之於埃及，底格里斯河和幼發拉底河之於巴比倫，恆河之於印度，黃河之於中國，水不論是對人類、動物和植物來說，都是不可或缺的。

　　接下來，故事就從埃及開始說起。

　　尼羅河的源頭遠在埃及的內陸地區，沿途流經沙漠地帶。每年到了雨季，大量的雨水導致尼羅河河水暴增，因而導致下游地區氾濫。然而，也正因如此，尼羅河上游的肥沃土壤便會沖到下游地區，讓這裡的河畔成為適合農業發展的土地。人類文明在這樣的土地上綻放，實屬自然。

　　但是尼羅河的定期氾濫，同時會破壞人們辛苦規畫的田畝。為此，埃及每逢河水氾濫時，國王就得減免受水患影響的人民的稅金才行。而在洪災過後，也得重新劃分土地。

　　就這樣，為了計算稅金所須的算數，以及測量土地時用的幾何學，很自然的在埃及有長足的發展。幾何學的英文為「geometry」，我們可以從「geo」意指土地、「metry」意指測量得知，這門學問是源自於土地測量。另外，埃及人為了盡可能準確掌握尼羅河定期氾濫的時期，所以天文學研究也相當興盛。

　　數千年前盛極一時的埃及文明如此充滿魅力，也讓人們想一探究竟。

　　1798 年，拿破崙親率大軍遠征埃及。某天，在尼羅河口、名為羅賽塔（Rosetta）的小城市附近，某位法國工兵挖掘古代廢墟時，意外發現了一塊石頭，整面刻滿奇妙文字。如果是一般的軍人，可能不會對這塊石頭產生任何興趣，幸好這位法國工兵認為這塊石頭上雕刻的一定是古埃及文字，因此小心翼翼的將其當作戰利品帶

在身邊。之後法軍在戰場上被英軍擊敗，於是這塊石頭就從法軍手中轉移到英軍，如今仍妥善的保存在大英博物館。因為這塊石頭最初是在小城羅賽塔附近發現的，所以稱為「羅塞塔石碑」（Rosetta Stone）。

雖然發現了這塊石頭，為世人揭示了古埃及文化，但當時沒有人知道上頭到底寫了什麼。

英國的物理學家托馬斯・楊格（Thomas Young）首先挑戰解讀這塊石碑上的內容，但經過多年努力後，解讀出來的字還不到一百個。繼托馬斯・楊格之後，法國考古學界的天才商博良（Jean-François Champollion），也開始全心投入破譯羅賽塔石碑上的文字。皇天不負苦心人，20 年後，商博良終於完全解讀出石碑的內容了。

經由托馬斯・楊格和商博良兩位學者的研究，現在我們知道，刻在羅賽塔石碑上的是古埃及的象形文字（按：其實石碑上還有平民用的埃及草書和古希臘文），而且石碑的內容還包含了數字在內。接下來，讓我們來認識一下埃及的數字。

首先，埃及文字用 ∥ 這個符號來表示 1，它的原意

是一根立著的棒子。接下來的 2、3、4……，就是與數
字相符的棒子數量。

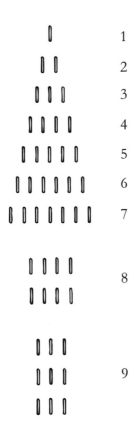

當數字數到了 10，則使用 ∩ 這個符號表示。

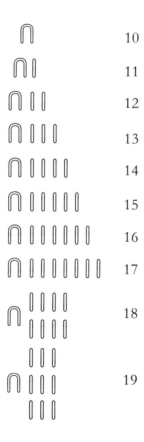

從 20 之後，數字裡一共有幾個 10，就用幾個 ∩ 來表示，書寫方式如下。

∩∩　　20

∩∩∩　　30

∩∩
∩∩　　40

∩∩∩
∩∩　　50

∩∩∩
∩∩∩　　60

∩∩∩∩
∩∩∩　　70

∩∩∩∩
∩∩∩∩　　80

∩∩∩
∩∩∩
∩∩∩　　90

接下來，數到了 100 之後，就會使用 $\mathcal{C}$ 這個符號。
而 200、300……等，也和前述的 10 一樣，數字裡有幾
個 100，就用幾個 $\mathcal{C}$ 來表示。

$\mathcal{C}$	100
$\mathcal{C}\,\mathcal{C}$	200
$\mathcal{C}\,\mathcal{C}\,\mathcal{C}$	300
$\mathcal{C}\,\mathcal{C}\,\mathcal{C}\,\mathcal{C}$	400
$\mathcal{C}\,\mathcal{C}\,\mathcal{C}$ $\mathcal{C}\,\mathcal{C}$	500
$\mathcal{C}\,\mathcal{C}\,\mathcal{C}$ $\mathcal{C}\,\mathcal{C}\,\mathcal{C}$	600
$\mathcal{C}\,\mathcal{C}\,\mathcal{C}\,\mathcal{C}$ $\mathcal{C}\,\mathcal{C}\,\mathcal{C}$	700
$\mathcal{C}\,\mathcal{C}\,\mathcal{C}\,\mathcal{C}$ $\mathcal{C}\,\mathcal{C}\,\mathcal{C}\,\mathcal{C}$	800
$\mathcal{C}\,\mathcal{C}\,\mathcal{C}$ $\mathcal{C}\,\mathcal{C}\,\mathcal{C}$ $\mathcal{C}\,\mathcal{C}\,\mathcal{C}$	900

讀到這裡，相信各位已經了解埃及人如何表示數字，他們用十進位計算，而且只要位數改變了，就會用另一個符號表示，下面列出古埃及人使用的數字符號。

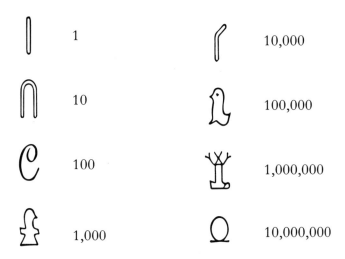

在這些符號中，據說 ∣ 是直立的棒子，⌠ 是食指彎曲的樣子，⚲ 是某種魚類（也有人認為是某種野獸），⚇ 則是人們遇到過於龐大的數字時，表現吃驚的樣子。至於其他的符號代表什麼，仍然沒有定論。

利用這些符號的組合，就可以用來表示數字，接下

來請大家猜猜看，下面這些符號，分別代表哪些數字（解答請見第 249 頁）。

除了羅塞塔石碑外，埃及人還留下了莎草紙（papyrus）給後世的人，也因此我們才能更深入的認識古埃及文化。

莎草紙的原料是古代生長在埃及沼澤地的水草。埃及人把這種水草製成類似白色紙張的物品，並在上面書寫文字，這就是所謂的莎草紙。「紙」的英文單字（paper），據說就是源自莎草紙。

十九世紀中葉，英國人亨利・萊因德（Alexander Henry Rhind）從埃及獲取的沙草紙中，竟然隱含了人類歷史上關於數學的最古老讀物。這份稱為《萊因德紙草書》（*Rhind Papyrus*）的文物，目前同樣收藏在大英博物館。

《萊因德紙草書》的內容，據推斷應該是出自古代埃及的僧侶之手，因為書中使用的是一種僅僧人會用的文字，所以內容不好懂。

德國考古學家艾森洛爾經過不懈的努力後，終於在1877年破解了《萊因德紙草書》的內容。

艾森洛爾告訴我們，《萊因德紙草書》的作者是位名為阿默士（Ahmes）的僧侶，在西元前一千多年前，

根據年代比他更久遠的文獻為基礎，所撰寫的數學讀本。接下來，就為各位介紹這份紙草書之中的兩、三則內容。

首先，《萊因德紙草書》解開了以下題型的所有解：當某個分數是分子為 2、分母為 3 到 99 之間的奇數時，可以轉換為數個分子為 1、分母為相異數字的分數之和。例如以下所示：

$$\frac{2}{9} = \frac{1}{6} + \frac{1}{18}$$

$$\frac{2}{17} = \frac{1}{12} + \frac{1}{51} + \frac{1}{68}$$

$$\frac{2}{43} = \frac{1}{42} + \frac{1}{86} + \frac{1}{129} + \frac{1}{301}$$

$$\frac{2}{35} = \frac{1}{30} + \frac{1}{42} \qquad \frac{2}{97} = \frac{1}{56} + \frac{1}{679} + \frac{1}{776}$$

對分數的計算有自信的讀者，不妨動筆算算看，檢驗古埃及人列出的答案是否正確。

然而可惜的是，阿默士並沒有在莎草紙上說明，為

什麼《萊因德紙草書》裡的分數，分子幾乎都為 2，以及他為何要製作這張表。

除此之外，《萊因德紙草書》裡還有許多與加法、減法、乘法和除法，甚至與代數有關的算術問題，像是「若某數的兩倍加上 4 之後為 10，那麼某數是多少」。

要解開這道題目，得利用代數的概念。這裡用 x 來代表某數，就能寫出以下算式。

$$x \times 2 + 4 = 10$$

等號的左右兩邊都減去 4 之後，就會變成：

$$x \times 2 = 6$$

接著再將等號兩邊除以 2 後，就會得到

$$x = 3$$

《萊因德紙草書》中還記錄了其他計算問題，也是用相同方法求解。另外，其中也出現了以下這樣：

2、5、8、11、14、17、20、23、26、29 ……

從某個數字（此處的例子為 2）開始，不斷往下一個數加上相同的數字（此處的例子為 3）所形成的等差數列。以及像以下這樣：

1、2、4、8、16、32、64、128、256 ……

從某個數字（此處的例子為 1）開始，不斷往下一個數乘上相同的數字（此處的例子為 2）所形成的等比數列。

接下來，我們來談談《萊因德紙草書》中關於幾何的內容。其中也提到了求正方形、長方形、等腰三角形和梯形等面積的公式。

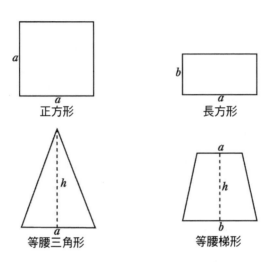

這裡的正方形、長方形、等腰三角形和等腰梯形等圖形，相信各位都不陌生，但大家知道如何計算這些圖型的面積嗎？假設某正方形一邊的邊長為 a 的話，該正方形的面積 S，可表示如下：

S ＝ a × a

假設某個長方形，兩邊的邊長分別是 a 和 b 的話，

該長方形的面積 S，可表示如下：

$$S = a \times b$$

假設某（等腰）三角形的底邊長為 a，高為 h 的話，該等腰三角形的面積 S，可表示如下：

$$S = （a \times h）÷ 2$$

最後，假設某（等腰）梯型的上底長為 a，下底長為 b，高度為 h 的話，則該（等腰）梯型的面積 S，可表示如下：

$$S = 〔（a + b）\times h〕÷ 2$$

之所以會把等腰三角形和等腰梯形名稱中的「等腰」加上括號，是因為前述的公式，也能計算非等腰的三角形以及梯形面積。

其實在《萊因德紙草書》中，關於如何計算等腰三角形與等腰梯型面積的內容並不正確。前面列出的，是經過我修正後的正確內容。

這份紙草書中還記載了計算圓形面積的公式。一個半徑為 r 的圓，要如何計算其面積 S？相信大家立刻會想到以下這個公式：

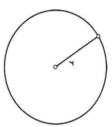

S ＝ r×r×（圓周率）

當某個圓的半徑為 1 時，
則該圓的面積為 S ＝圓周率。

然而，《萊因德紙草書》提到，計算半徑為 1 的圓形面積時，算法竟然是把該圓的直徑 2，減去直徑長的

$\frac{1}{9}$、也就是 $\frac{2}{9}$ 後，將得到的 $\frac{16}{9}$ 當作正方形一邊的邊長，再計算該正方形的面積，並將其視為半徑為 1 的圓形面積。計算方法如下所示：

$$\frac{16}{9} \times \frac{16}{9} = \frac{256}{81} = 3.1604\cdots\cdots$$

把這個答案與已知的圓周率（3.141592⋯⋯）比對後，可以發現古埃及人已經知道，大致詳細的圓周率數值了。

除了莎草紙外，古埃及人還遺留壯觀的古老建築，也就是金字塔給後世。

據說金字塔的底面，是每一邊都精準朝著東、西、南、北的正方形。但埃及人如何確定各個方位？根據現在的人想像，古埃及人應該是採取以下方法。

首先，在地面上找一個點作為中心，然後畫出幾個半徑各不相同的圓。接著把一根長度適中的棒子立在圓心。在天氣好的日子，這根棒子的影子會投射在地面上。

因為投影在清晨時會達到最長，到了中午時最短，等到傍晚時又會再次變長，所以只要觀察棒子的投影長度，延長投影在最短時的方向，就能得出一條南北向的線了。接著分別在上午和下午，找出棒子的投影長度相同的時間點，然後將兩個時段的投影端點連成直線，就能得到一條東西向的線了。埃及人應該就是用這種方法，畫出東西向和南北向的線條。

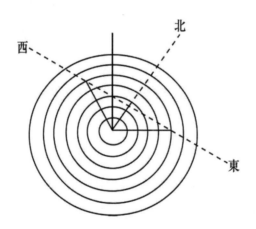

以前述方法畫出的東西線和南北線，彼此應該會互相垂直。我們固然可以用這種方法畫出直角，但據說埃及人還知道另一個畫直角的好方法。

　　首先找來一條繩子，然後把繩子平均分成 12 等分，接著在每一個相同等分之間打結，最後把繩子的兩端綁在一起，如此就做出了擁有 12 個結，且結與結之間距離相等的圓。接下來，只要抓起任意一個結，接著再分別抓住從這個結起算的第三個結，與從這裡再往下數的第四個結，並向外撐開的話，就能得到一個三邊長分別是 3、4、5 的三角形了，此時長度為 5 的斜邊面對的角為直角。埃及人就是用這種方法畫直角的。

　　古埃及的建築家和技師們，因為善於運用繩子來設計和測量，所以也被稱為操繩師（rope stretcher）。

第五章

巴比倫數學，
離不開六十進位法

本章要和大家談的，是在注入波斯灣的兩條大河流——底格里斯河和幼發拉底河之間，被稱為美索不達米亞（原意為河流之間的土地）的平原上，曾經十分發達的文明。

距今數千年前，有一群稱為蘇美（Sumer）人的族群在這塊土地居住。之後巴比倫（Babylon）人移居到這裡，並繼承了蘇美人的文化。

在美索不達米亞平原上有一個小聚落，名叫貝希斯敦（Behistun）；附近有一塊巨大石頭，上面刻滿了不可思議的文字。當地居民都認為，這些文字是遠古神明雕刻上去的。

但英國軍人亨利・羅林森（Henry Rawlinson）聽聞這件事後，卻不這麼想。他認為這些奇怪的文字，一定是古巴比倫人所雕刻的遠古文字，並下定決心解讀這些文字的含意。

然而，這個挑戰相當艱鉅，羅林森好幾次幾乎要中斷研究。好在皇天不負苦心人，在鍥而不捨的努力 10 年後，他總算成功了。之後他的〈關於貝希斯敦銘文的研

究〉（*The Persian Cuneiform Inscription at Behistun*），也在 1846 年由倫敦的皇家亞洲學會（Royal Asiatic Society of Great Britain and Ireland，簡稱 RAS）出版。

托羅林森的福，我們才能讀懂巴比倫數字，接下來就為大家一一介紹。

首先，巴比倫人用以下這個符號表示 1。

Y

因為這個符號很像楔子，所以巴比倫的文字也被稱為「楔形文字」。楔形文字的數字從 2 之後，基本上數字是多少，就有幾個 Y，如下圖所示：

當數到 10 的時候，改用打橫的符號 Y 表示，也就是 ⟨。於是 10 之後的數字，呈現方式如下：

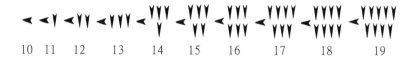

當數字數到 20，就用兩個表示 10 的符號◄並排呈現：◄◄。30 以後的方法還是一樣：

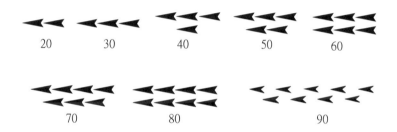

當數到了 100 時，這次改為使用符號Υ➤。接著，到了 200 時，出現的並不是兩個Υ➤，而是寫成 ΥΥΥ➤。

接下來到 900 為止，便如下圖所示：

Υ➤	ΥΥΥ➤	ΥΥΥΥ➤	ΥΥΥΥΥ➤	ΥΥΥΥΥ➤
100	200	300	400	500

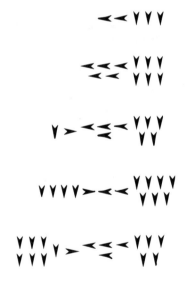

600　　　　　700　　　　　800　　　　　900

之後數到 1,000 時，則寫成 ＜Ｙ＞ 。

接下來請大家解讀，下方列舉的幾個巴比倫楔形文字，代表的數字各是多少（解答請見第 249 頁）。

除了數字外，巴比倫人遺留的文字資料裡，還包含下面這張表，乍看之下真是讓人摸不著頭緒。

$1 \times 1 = 1$

$2 \times 2 = 4$

$3 \times 3 = 9$

$4 \times 4 = 16$

$5 \times 5 = 25$

$6 \times 6 = 36$

$7 \times 7 = 49$

$8 \times 8 = 1.4$

$9 \times 9 = 1.21$

$10 \times 10 = 1.40$

$11 \times 11 = 2.1$

$12 \times 12 = 2.24$

$13 \times 13 = 2.49$

$14 \times 14 = 3.16$

$15 \times 15 = 3.45$

$$16 \times 16 = 4.16$$

......

不知道讀者們是否看出什麼端倪了？直到 7 乘 7 為止，都是大家熟悉的乘法表。但到了 8 乘 8，列出的卻不是 64，而是 1.4。這樣一來，我們只能把 1.4 的 1 視為 60。接下來，9 乘 9 的答案也不是 81，而是 1.21。1.21 的 1，同樣也只能視為 60 才說得通。到了 10 乘 10，答案也不是 100，而是 1.40。

到此為止可以確定表中的 1 就是代表 60。之後的 11 乘 11，列出的也不是 121，而是寫成 2.1。2.1 的 2 不用說，指的自然是 60 的兩倍，也就是 120。按照這個規律，前一頁的列表在 8 乘 8 後列出的數字，可以用下列方式呈現：

$$8 \times 8 = 60 \times 1 + 4$$
$$9 \times 9 = 60 \times 1 + 21$$
$$10 \times 10 = 60 \times 1 + 40$$

$11 \times 11 = 60 \times 2 + 1$

$12 \times 12 = 60 \times 2 + 24$

$13 \times 13 = 60 \times 2 + 49$

$14 \times 14 = 60 \times 3 + 16$

$15 \times 15 = 60 \times 3 + 45$

$16 \times 16 = 60 \times 4 + 16$

......

像這樣，一數到 60 就視為一個單位，這種方法稱為「六十進位制」。前面曾提到，十進位和人類的雙手共有 10 隻手指有關，但六十進位這種奇妙的進位法，究竟源自何處？一般的想像大概如下。

首先，請先用圓規在紙上畫一個圓。接著，維持圓規的開口角度不變，從圓周上的任意一點開始，以這個圓的半徑，依序在圓周上取 5 個點，當重複到第六次時，圓規會畫到最初的點。完成後，圓周便被平均分成六等分。各位畫出來的圓，應該會和下頁圖相同。

在巴比倫人留下的圖畫中，發現了與該圖相同的車

輪，所以有人推論，他們應該已經知道如何把圓周均分成六等分了。

　　另外，由於巴比倫人認為一年恰好 360 天，於是他們把整個圓周比喻為一年，表示 360 天。而整個圓周是 360 度的觀念，今天仍然沿用。一般認為，因為巴比倫人相當重視把圓周、也就是 360 度，用前述方法分成六等分後得到的數字 60，所以才想出六十進位法。

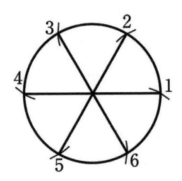

第六章

各式各樣的記數法

　　到目前為止，已經介紹了原始的部落民族如何數數，以及古埃及人和古巴比倫人使用什麼記號來表示數字。有關古代的記數法，其實還有許多故事可說，接下來再舉幾個有趣的例子和大家分享。

　　首先，我們看看希臘雅典石碑上的數字，這些數字據說通行於兩千多年前的希臘。

　　古希臘的數字從 1 到 4，就如下圖這樣，用一根根的棒子來排列。

```
    |    ||   |||   ||||
    1    2    3     4
```

　　但數到 5 的時候，則用希臘語中意指 5 的單字（Penta）之首大寫字母「Γ」（Gamma）來表示。接下來，讓我們看看從 5 到 9 的希臘數字。

```
    Γ    Γ|   Γ||   Γ|||   Γ||||
    5    6    7     8      9
```

　　數到了 10 的時候，符號變成了希臘語中意指 10 的單字（Deka）首大寫字母「Δ」（Delta）。接著來看看 10 到 19 的希臘數字。

Δ　ΔΙ　ΔΙΙ　ΔΙΙΙ　ΔΙΙΙΙ　ΔΓ　ΔΓΙ　ΔΓΙΙ　ΔΓΙΙΙ　ΔΓΙΙΙΙ
10　11　12　13　14　15　16　17　18　19

　　20 以後的數字，則如下方所示：

ΔΔ　ΔΔΔ　ΔΔΔΔ　ΔΔΔΔΙ　ΔΔΔΔΙΙ
20　　30　　　40　　　　41　　　　　42

ΔΔΔΔΙΙΙ　------------------ ---------‥　ΔΔΔΔΓΙΙΙ
43　　　　　　　　　　　　　　　　　　　　　49

　　接著，當數到 50 的時候，因為 10 有 5 個，所以希臘人使用 Δ 搭配符號「Γ」，用「Γ」來表示 50。

Γ Ι　Γ ΙΙ　Γ ΙΙΙ　Γ ΙΙΙΙ　Γ Δ　Γ ΔΔ
51　52　53　54　60　70

Γ ΔΔΔ　Γ ΔΔΔΔ　Γ ΔΔΔΔΓΙΙΙ
80　　　　90　　　　99

　　當數到了 100 時，希臘人還是和之前一樣，使用希臘語中意指 100 的單字（Ekato）首大寫字母 H（讀作 Eta）來表示。

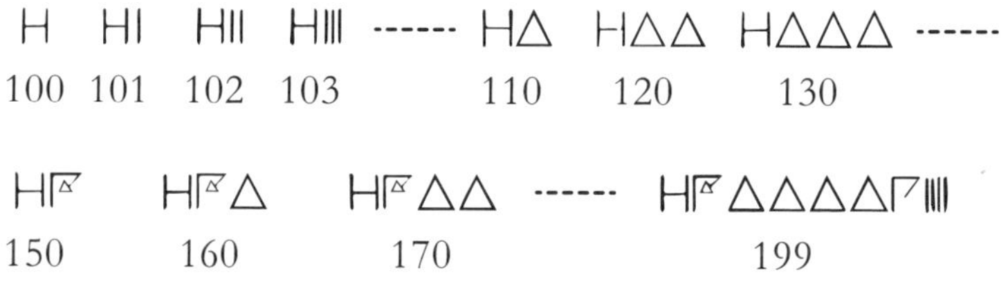

H　　HI　　HII　　HIII　------　H△　　H△△　　H△△△　------
100　101　102　103　　　　　　110　　120　　　130

H广　　　　H广△　　　H广△△　------　H广△△△△广|||
150　　　　160　　　　170　　　　　　　199

　　而數字 200 至 400，則如下圖所示。

HH　　　　HHH　　　HHHH
200　　　　300　　　　400

　　因為 500 是由 5 個 100 組成，所以希臘人使用「H」搭配符號「Γ」，以「广」來表示 500。

广　　广H　　广HH　　广HHH　　广HHHH
500　　600　　700　　　800　　　900

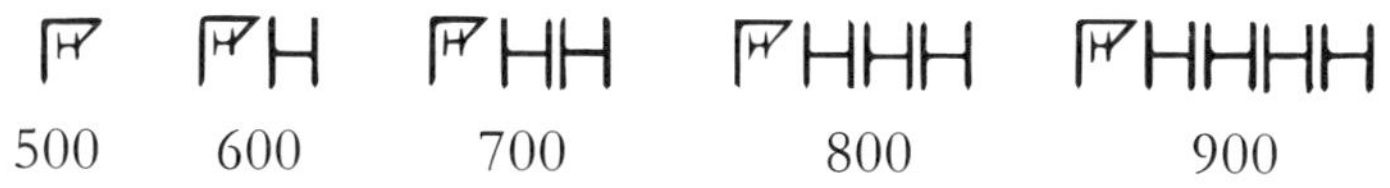

接著，當數到 1,000 後，就使用符號 X（讀作 KAI）表示。從 1,000 到 4,000 的符號如下方所示：

X   XX   XXX   XXXX
1,000   2,000   3,000   4,000

接著，是從 5,000 到 9,000，如下方所示：

Γ̄   Γ̄X   Γ̄XX   Γ̄XXX   Γ̄XXXX
5,000 6,000 7,000 8,000   9,000

相信讀到這裡，不用我多說明，大家都能了解希臘數字的書寫邏輯了。

接下來數到 10,000 之後，則如下圖所示：

M   MM   MMM   MMMM
10,000 20,000 30,000   40,000

以下列出幾個用希臘文寫成的數字，請各位試著解讀（解答請見第 249 頁）。

△△△ΓΙΙ ΓΔΔΓΙΙΙ ΓΔΔΔΓΙ ΗΗΔΔΔΔΙΙΙ

ΗΗΗΓΓΙΙΙ ΓΗΔΔΙΙΙ ΓΗΗΗΔΔΓΙ

ΓΗΗΓΔΔΔΓΙΙΙ ΧΧΓΗΓΔΔΙΙΙ

隨著時間推移，希臘人開始使用希臘字母來表示數字，如下列所示：

α	（Alpha）	1
β	（Beta）	2
γ	（Gamma）	3
δ	（Delta）	4
ε	（Epsilon）	5
ς	（Stigma）	6
ζ	（Zeta）	7
η	（Eta）	8

θ	（Theta）	9
ι	（Iota）	10
κ	（Kappa）	20
λ	（Lambda）	30
μ	（Mu）	40
ν	（Nu）	50

然而，這種方法並非明智之舉，因為不只難以記憶，而且很難用於計算。

接著，我們認識一下羅馬數字，它據說是由居住於義大利中部地區的古代伊特拉斯坎（Etruscan）人創造的。羅馬數字今天依然用於時鐘的面板上，相信大家都很熟悉下列數字。

I	II	III	IIII	V	VI	VII	VIII	IX	X	XI	XII
1	2	3	4	5	6	7	8	9	10	11	12

其中，IIII 也可以寫成 IV，意思是用右邊的 V，減

去左邊的 I。IX 也是如此，意思是用右邊的 X 減去左邊
的 I，或者也可以寫成 VIIII。從 13 到 19 的數字則如下所
示：

XIII　XIV　XV　XVI　XVII　XVIII　XIX
13　　14　　15　　16　　17　　18　　19

XX　XXI　XXII　XXIII　XXIV　XXV　XXVI　XXVII　XXVIII　XXIX　XXX
20　21　　22　　23　　24　　25　　26　　27　　28　　29　　30
……XXXX
　　40

當數到 50 之後，羅馬數字使用了新的符號 L。而
40 也可以寫成：

XL
40

而 50 到 90 的數字如下所示：

L	LI	LII	……	LX	LXX	LXXX	LXXXX
50	51	52	……	60	70	80	90

羅馬數字使用符號 C 來表示 100。而 90 也可以寫成：

XC
90

而 100 之後的數字如下所示：

C	CC	CCC	CCCC
100	200	300	400

當數到 500 時，則是用符號 D 表示。而 400 也可以寫成：

CD

400

500 到 900 的羅馬數字如下所示：

D	DC	DCC	DCCC	DCCCC
500	600	700	800	900

數到了 1,000 後，則用符號 M 來表示。900 也可以寫成：

CM

900

以下有幾個羅馬數字，請各位試著解讀（解答請見第 249 頁）：

XXXVIII XLIII LXXIX LXXXVII LXXXIX
CLXXXVII CCCLXXIX CDLXXXVI DCCLXXXIX
MMDCCLXIV

目前為止介紹的各種數字符號，如果只用於紀錄的話，是挺方便的；但若要用來計算，就相當不便。就以前述的羅馬數字為例，很適合用來標示時鐘上的時間，但若要用來計算，就會如下這樣：

CCLXXVIII
+ DCCCXCIX
———————

如何？是不是光看到算式，就令人一個頭兩個大。和羅馬數字相比，今天我們使用的阿拉伯數字 1、2、3、4、5、6、7、8、9、0，很明顯便利許多。

用阿拉伯數字來計算前述的問題，可以寫成這樣：

$$\begin{array}{r} 278 \\ +\ 899 \\ \hline \end{array}$$

怎麼樣，是不是立刻就能算出來了。

那麼，我們現在使用的阿拉伯數字，到底是何時、從哪裡，又是由誰創造的？其實，這些數字是在很久很久以前，由印度人發明的。之後隨著時間演進、不斷變化後，才演變成今天使用的型態。

話說印度的旁邊就是阿拉伯，他們為了和印度人交換物品，必須經常來往兩地。在這個過程中，阿拉伯人注意到印度人發明的這套數字系統相當好用，於是將其帶回自己的國家並逐步推廣，最後全阿拉伯人都懂得並使用這套數字了。如同阿拉伯人到印度做生意一樣，義大利人、法國人也經常到阿拉伯經商。當這些歐洲人發現阿拉伯人用的數字這麼方便後，也開始跟著使用，於是就這樣傳到了西方。

1、2、3、4、5、6、7、8、9、0 這些數字，其實應該稱為印度數字才對，但因為上述的歷史脈絡，今天我

們還是稱它為「阿拉伯數字」。

　　但這套方便的數字系統（印度數字），並非一開始就是我們熟悉的樣子，而是在經過幾次變化後，才轉變成今天使用的型態。阿拉伯數字的演變過程可以參考下圖。

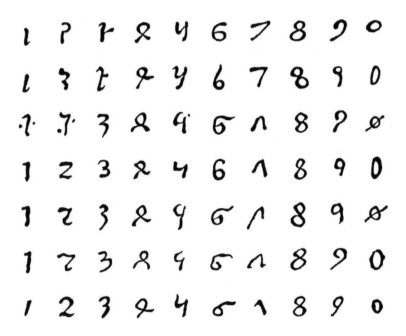

　　阿拉伯數字和前面介紹的多種數字，差異很大。例如，埃及的數字中，如果有 10 個 ∣∣，就會變成 ∩；如果有 10 個 ∩，就會變成 𝒞⋯⋯。

　　在巴比倫的數字中，每 10 個 𝐘，就會變成 ◄；每 10 個 ◄，就會變成 𝐘 ►⋯⋯。

　　在希臘的數字中，每 5 個 I，就會變成 Γ；每 10 個 I，就會變成 Δ；每 5 個 Δ，就會變成 𐅄；每 10 個 Δ，就會變 H⋯⋯。

　　而羅馬數字中，每 5 個 I 會變成 V，每 10 個 I 會變成 X。每 5 個 X 會變成 L，每 10 個 X 會變成 C⋯⋯。

　　這些數字和阿拉伯數字不同，只要累積到一定數量後，就會使用新的符號表示。但阿拉伯數字不一樣，有了 10 個 1 後，會變成 10；有了 10 個 10 後，就會變成 100。無論怎麼改變，都只會用到 1、2、3、4、5、6、7、8、9、0 等符號而已，除此之外不用另外創造新符號，這可說是阿拉伯數字在書寫上的最大優勢。

　　為什麼阿拉伯數字會如此方便？相信大家已經發現，與 0 這個符號有關。可是，0 究竟要用來表示什麼？

不用懷疑，0 就是指「什麼也沒有」。

然而在巴比倫的數字裡，其實已經存在如下圖這樣，用來表達「什麼也沒有」的符號了：

◊

0

但阿拉伯數字裡的 0，除了表達什麼也沒有之外，其實還有更深層的含意。例如數字 10，請各位思考一下，10 裡面的「0」代表什麼？

要了解 0 的含意，我們可以試著拿掉 0，看看會怎麼樣。10 去掉 0 後，就變成 1 了。但我們想表達的不是 1，而是 10，所以要在 1 的右邊添上一個 0，變成 10 才行。

當我們寫了 0 之後，1 就變成右邊數來的第二個數字。由於在阿拉伯數字的規則中，最右邊的數字代表個位，右邊數來第二位數字代表十位，所以「10」是指個位數的位置是空的，十位數的位置是 1。

藉由這個例子，想必大家已經明白 0 有多麼重要。

　　10 之後的數字為：11、12、13、14、15、16、17、18、19，這些數字遵循的規則，依然是右邊代表個位數，右邊數來的第二位數字表示十位數。

　　19 之後的數字則是 20，個位數的位置同樣空著，十位數則是 2。最後，當我們寫下「307」時，要表達的是個位數為 7，十位數空著，百位數為 3 的數字。我想大家已經了解這一點了。

　　必須承認，創造出記數法中不可或缺的 0，確實是印度人留給後世的巨大貢獻。

第二部

數學家的故事

第七章

用一根小木棒算出金字塔高度——
希臘數學始祖泰利斯

從本章開始，會介紹多位在數學發展史上，留下巨大成就的數學家，好讓各位了解古代的數學，是如何演變成學生現在在小學、中學、高中，以至於大學裡學習的厲害數學。

第一位登場的是泰利斯，他是古希臘數學的始祖，也被譽為比例之神，更名列希臘七賢人之一。

泰利斯大約在兩千六百多年前，誕生於希臘的米利都（Miletus），小時候曾在商店當學徒。年紀稍長後，有一次他因為買賣上的要事，渡過地中海前往埃及。對年輕的泰利斯來說，埃及的風土人情在他眼裡無比珍貴。他在埃及生活期間，逐漸和一位寺院的僧侶結為好友。有一天，這位僧侶告訴他：「在我的寺院裡，收藏著一本獨一無二、十分珍貴的書籍，但這本書是珍藏密本，不能給任何人看」。

然而，越是禁止看的東西，人們往往越想一探究竟，這也是人之常情，泰利斯當然也不例外。他一聽僧侶這麼說，無論如何都想讀一下這本書。於是他開始幾十次、幾百次、不斷的央求僧侶。僧侶最終招架不住泰利斯的

請求，看在他的面子上，便答應悄悄把書借給他。其實僧侶口中的珍藏密本，是記載數學和天文學的書。借到書的年輕泰利斯欣喜若狂，沒日沒夜的仔細研讀，終於記住了書中的全部內容。

此後，泰利斯覺得數學和天文竟然如此有趣，便把經商的事全忘了，熱切學習研讀，最終成為歷史上首位成就非凡的大數學家。

泰利斯的名聲，與他可能是史上第一位思考「比例」的人有關。今天我們可以從泰利斯測量金字塔高度的方法，來探究他對比例的想法，以及如何應用。

相信各位對金字塔都不陌生吧，它是埃及最著名的建築，每一位造訪當地的旅客，無不著迷於它的神祕。

古埃及人堅信，「人死後靈魂不會消失，總有一天一定會回到原來的身體」，所以當國王過世時，他們便把遺體製成木乃伊，然後建造巨大的石塔，把遺體妥善的保存在裡面，等待國王的靈魂再回到原來的軀體。而這些石塔就是金字塔，也就是國王的陵墓。大家應該聽說過，金字塔旁還建有一個人面獅身像，尾巴呈現蛇的

形狀，名叫斯芬克斯像（Sphinx）。據說建立這座石像
的目的，是為了守護國王的陵墓。

　　話說，泰利斯到底是用什麼方法測量金字塔的高
度？假設今天要測量某棵樹的高度，可以先在天氣晴朗
的日子，測量這棵樹的影子長度，接著找來一根木棒，
將其垂直插在樹木影子的延長線上，並測量木棒和木棒
影子的長度。於是，樹木的高度與樹影，以及木棒的高
度和木棒影子之間的比例關係如下：

樹高：樹影長＝木棒高：木棒的影長

接著，再利用以下的算式，計算樹木的高度。

$$樹高＝\frac{樹影長 \times 木棒高}{木棒的影長}$$

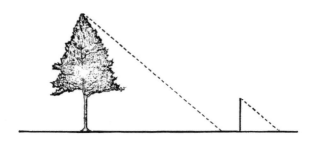

　　泰利斯僅憑一根木棒，就用這個方法算出高聳的金字塔高度。連當時的埃及國王雅赫摩斯（Amasis），也對他深厚的數學功力驚嘆不已。

　　泰利斯不只是優秀的數學家，還是了不起的天文學家。天文學是專門研究星星的學問，我們可以透過以下這則故事，了解他研究天文學時有多麼投入。

　　某天傍晚，泰利斯在散步時，一邊抬頭仰望天空中閃爍的星星，一邊思考天文學的問題。因為他的心思都放在頭頂上美麗的星空，而忽略了地面的路況，結果一不小心，竟然跌進了路旁的溝裡。當泰利斯好不容易從溝裡爬出來，在旁目睹了一切的老婆婆對他說：「你連自己腳邊的事情都搞不清楚，為什麼還能那麼了解遠在天邊、手根本搆不著的星星呢。」相信泰利斯聽了這位

老婆婆的話之後，應該也只能苦笑吧。

　　熱衷於天文學研究的泰利斯，之後因為精準預測了日蝕，讓當時的人對他佩服得五體投地。

精準預測日蝕，平息戰爭

　　日蝕是因為太陽移動到月球背面，造成白天時太陽發出的光被月球遮蔽的天文現象。

　　大約距今兩千六百一十多年前的某一天，泰利斯突然向世人宣告：「（西元前 585 年）5 月 28 日這一天，太陽會在白天失去光芒，黑夜將突然造訪，星星會在天上閃爍。」

　　泰利斯之所以敢如此自信的發表這番驚世駭俗的宣言，背後自然是有精密計算的結果當靠山的。然而，當時的人只當他是瘋子，完全不相信他說的話。

　　到了 5 月 28 日這一天，太陽還真的在白天時逐漸黯淡下來，白晝變成黑夜，星星在天空中閃耀著光輝。原本把泰利斯當成瘋子的人們，到了這一刻才終於相

信，他的確是知識豐富的偉大天文學家。

其實，5 月 28 日這一天，呂底亞和米底亞這兩個國家正在激烈的戰鬥，但因為天上的太陽正如泰利斯所預言、突然失去光輝，於是交戰雙方見狀後都認為：「一定是我們兩國長久的戰爭，激怒天上的神明，看來我們還是趕快停戰，以此來平息天神的憤怒吧。」之後雙方立刻收兵回家。據說兩方的將士們都對泰利斯的預言讚譽有加。

關於泰利斯，還有另一則有名的故事。

泰利斯還在經商時，有一次接到某家商店的訂單要買鹽，於是他讓騾子馱著鹽，出門送貨去。不久後，走到一條河邊，起初泰利斯無所謂的趕著騾子渡河。沒想到渡河到將近一半時，騾子好像被河中的石頭絆到腳、摔了一跤。當騾子重新站起來後，背上的鹽有一部分已經融在河水裡了，所以重量減輕不少。雖然騾子的負擔減輕了，卻讓泰利斯蒙受了不小的損失。對泰利斯來說，這個意外無疑是晴天霹靂，但是對騾子來說卻是好事一椿。

在渡河時被石頭絆倒，雖然讓騾子受到驚嚇，但騾子也發現重新站起來後，背上的重量減輕了。從此之後，這隻騾子養成了壞習慣，當牠想減輕背上的重量時，就故意摔倒。尤其每次馱著貨物渡河時，一定會上演相同的戲碼。

有一次渡河時，這隻騾子又故技重施、假裝被石頭絆倒。但這次當牠站起來後卻發現，背上貨物的重量重了不只一倍。原來泰利斯為了矯正騾子的壞習慣，故意把鹽換成了切成小塊的海綿。嘗到苦頭的騾子，此後再也不敢在工作時耍小伎倆，假裝跌倒了。

接下來再和大家談談，泰利斯在數學上的成就和發現。首先，就從數學上經常用到的一些專有名詞說起。

相信大家都知道什麼是直線。埃及的操繩師們，會把繩子拉得筆直來畫直線。但一般來說，直線指的是一條筆直線條，兩端朝著相反方向無限延伸。若在這條直線上取一個點、把線分成兩部分的話，就會變成一邊有端點，另一端朝另一個方向無限延伸的線，這樣的兩條線稱為射線。如果在直線上取兩個點，那麼兩點之間的

線就稱為線段。

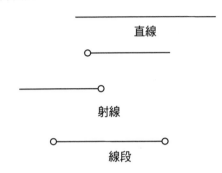

直線

射線

線段

接著在平面上，以 O 為端點的兩條射線 OA 與 OB 形成的圖形，則稱為角。此時點 O 稱為角的頂點，射線 OA 和 OB 為這個角的邊（請參考右頁圖）。

若我們拉開角的兩邊 OA 和 OB 的話，拉開的大小就是這個角的大小，可以用「∠AOB」來表示。

如果我們讓∠AOB 的兩個邊 OA 和 OB 上的 A 點和 B 點，與頂點 O 呈一直線的話，這個角就是平角。而平角的一半就是直角。

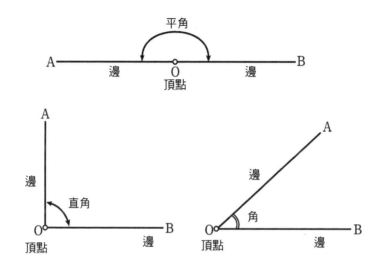

因為直角的英文為「Right angle」，所以一般用
「∠R」表示直角。另外，平角則標示為「2∠R」。

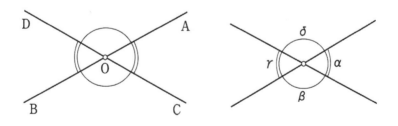

平面上有 AB 與 CD 兩條直線，相交於 O 點。若將
O 點當作頂點，OA、OB、OC、OD 為四個邊的話，

就會得到 AOC、COB、BOD 和 DOA 四個角。其中角 AOC 和角 BOD，以及角 COB 和角 DOA 稱為對頂角。

泰利斯發現「對頂角相等」並解釋其理由。

為了方便起見，這裡把兩條直線相交形成的四個角的大小，分別用上頁圖中的 α、β、γ、δ 來表示。其中，泰利斯發現以下現象並明確的解釋：

$$\alpha = \gamma \text{、} \beta = \delta$$

α 和 β 相加會成為平角，也就是兩個直角，可以用以下這個式子表示：

$$\alpha + \beta = 2\angle R$$

同樣的，把 γ 和 β 加起來後也是平角，等於兩個直角。同樣可以用以下式子表示：

$$\gamma + \beta = 2\angle R$$

　　從以上的式子可以發現，α 和 β 相加後，與 γ 和 β 相加後，都是等於兩個直角。因此 α 和 γ 必須相同才行。因此很清楚：

$$\alpha = \gamma$$

　　基於相同的道理，所以：

$$\beta = \delta$$

　　因此對頂角相等。

　　當我們主張某件事情是正確時，會將它稱為定理。而闡述其理由的過程，則稱為證明定理。

　　泰利斯發現了「對頂角相等」的定理並證明它。

　　他從埃及人豐富的經驗中，提取出一般認為應該是正確的內容，然後將其以定理的方式呈現並證明。據說他是歷史上第一位證明定理的人。

　　接下來，我們再談一談泰利斯發現的定理。

在一平面上取不共線的 A、B、C 三點，然後把 A 和 B、B 和 C 以及 C 和 A 相互連接成三個線段。如此得到的圖形，便稱為三角形 ABC，或用「△ABC」的符號表示。而三角形中的 A、B、C 三點稱為頂點，線段 BC、CA 和 AB 為三角形的邊，角 BAC、角 CBA 和角 ACB 稱為內角。

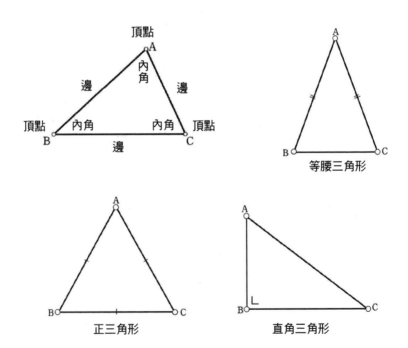

等腰三角形

正三角形　　　直角三角形

　　三角形有許多不同的類型，例如兩邊長度相等的三角形，也就是上頁圖中邊 AB 和邊 AC 的長度相同的三角形，稱為等腰三角形，而剩下的邊 BC 稱為底邊，角 ABC 和角 ACB 稱為底角。最後不用我多介紹，三邊長度相同的則是正三角形。

　　有些三角形的某一個內角為直角，便稱為直角三角形。直角的頂點稱為直角頂，直角面對的邊稱為斜邊。

　　泰利斯也發現了以下這個定理並證明：等腰三角形的兩底角相等。

　　這個定理的內容如下圖所示。

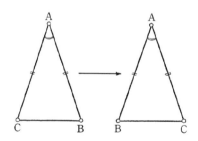

　　在三角形 ABC 中，只要邊 AB 和邊 AC 的長度相等，則內角 ABC 和內角 ACB 也會相等。

　　這個定理的證明如下。當我們把上頁圖中左邊的三角形 ABC 反轉後，會得到圖中右邊的三角型。此時 AC 會與 AB，AB 會與 AC 重疊。如此一來，因為角 ACB 也會和角 ABC 重疊，所以可以證明這兩個底角相等。

　　最後，我們來看看泰利斯發現的另一個數學定理，內容如下：「若兩個三角形的其中一邊，以及該邊長兩端的兩個內角相等的話，那麼這兩個三角形就可以完全重疊。」

　　可以完全重疊的兩個圖形，稱為全等圖形。我們也可以用這個詞，來描述泰利斯發現的定理內容：「若兩個三角形的其中一邊，以及該邊長兩端的兩內角相等的話，那麼這兩個三角形全等。」

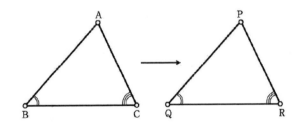

　　如果利用先前圖中的三角形說明這個定理，可以

描述為：「現有 ABC 和 PQR 兩個三角形。如果邊 BC
和邊 QR 的長度相等、角 ABC 和角 PQR 相等，而且角
ACB 也和角 PRQ 相等的話，那麼三角形 ABC 和三角形
PQR 全等。」

　　其實，也可以實際重疊這兩個三角形來證明。第一
步，先把邊 BC 疊在邊 QR 上，然後試著在同一側，把
頂點 A 對到頂點 P 上。因為邊 BC 的長度和邊 QR 相同，
所以這兩個邊可以完全重合。當邊 BC 和邊 QR 重合時，
因為角 ABC 和角 PQR 也相等，所以邊 AB 和邊 PQ 會
重合，同樣道理邊 AC 和邊 PR 也會重合，因此頂點 A
和頂點 P 就會重疊。如此一來，三角形 ABC 和三角形
PQR 就會恰好疊在一起，也代表這兩個三角形全等。

　　據說泰利斯曾運用該定理，測量海面上的船隻距離
海岸有多遠。計算方法如下（請參考下頁圖）：

　　首先，在海岸線上取 B 和 C 兩點。接下來，測量各
自從 B 點和 C 點望向海上船隻所在的 A 點時，角 CBA
和角 BCA 的角度。這樣一來，因為我們知道三角形
ABC 中邊 BC 的長，以及角 CBA 和角 BCA 的大小，就

可以在陸地上畫出一個與三角形 ABC 全等的三角形。如此一來，就能計算 AB 的長度了。

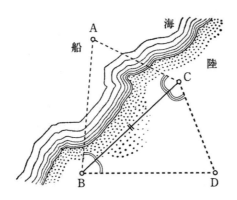

如上圖所示，畫出與角 CBA 相同的角 CBD，以及與角 BCA 相同的角 BCD 後，就能標出點 D。因為三角形 ABC 和三角形 DBC 全等，所以 AB 的長度也會與 DB 相等。由此就能藉由測量陸地上 B 點到 D 點的距離，得知從陸地上 B 點到海上 A 點的距離了。

正如以上例子所示，泰利斯堪稱是最早把理論上的學問，實際應用到真實世界的人。

第八章

世界上最知名的定理 ——畢氏定理發現人 畢達哥拉斯

　　前面曾提過，埃及的操繩師們已經知道，製作三邊長分別為 3、4、5 的三角形時，長度為 5 的邊所面對的內角為直角。

　　由此可以知道，三角形的直角相鄰的兩邊長，比例分別為 3 比 4 的話，其斜邊的比例就會是 5。

　　其實 3、4、5 這三個數字之間，還存在著其他有趣的關係。例如：

$$3 \times 3 + 4 \times 4 = 5 \times 5$$

　　數學上，把相同的數字 a 相乘兩次稱為平方，可以用符號 a^2 來表示。如果用平方符號來表示上面的算式，可寫成：

$$3^2 + 4^2 = 5^2$$

　　若一個三角形中，夾著直角的兩個邊，邊長的比例分別為 5 比 12 的話，則這個三角形斜邊的比例就是

13。此時 5、12、13 這三個數字之間,也會呈現以下的關係。

$$5^2+12^2 = 13^2$$

在直角三角形中,夾著直角的兩個邊,邊長分別為 a 和 b、斜邊的長度為 c 時,則 a、b、c 之間存在以下關係(可參考右頁圖形):

$$a^2+b^2 = c^2$$

這個定理稱為畢達哥拉斯定理(Pythagorean theorem,簡稱「畢氏定理」)。相信大家肯定在中學數學課時學過。由於這則定理也會出現在困難的數學之中,所以堪稱是世界上最知名的定理。

接著為大家介紹發現畢氏定理並證明的數學家——畢達哥拉斯(Pythagoras)的故事。

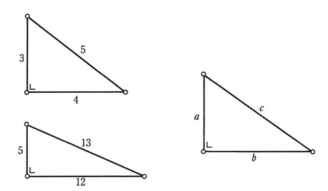

　　據說，當畢達哥拉斯發現這個定理時，內心激動不已，並說到：「僅憑我一個人，是不可能發現這則定理的，這都得歸功於一直守護著我的繆斯神啊。」於是他為了酬謝神明，立刻獻上一百頭牛作為供品。

　　話說從頭，本章的主角畢達哥拉斯，於西元前 580年左右，誕生在位於愛琴海、隸屬希臘殖民地的薩摩斯島（Samos）。從畢達哥拉斯少年時期的故事，就可以一窺他有多麼聰明。

　　有一天，當少年畢達哥拉斯背著薪柴走在城裡時，一位充滿紳士風範的男士對他說：「雖然有點麻煩，但

我想請你解開背上的薪柴，然後再重新按原樣重組回去給我看。」儘管畢達哥拉斯心裡嘀咕著「今天真是遇到怪人了」，但還是按照他的要求，拆開背上的薪柴再依原樣重組回去。當這位男士看到畢達哥拉斯能巧妙的堆疊薪柴後，忍不住對他說：「少年，你對學術這條路有興趣嗎？」

這位男士看出畢達哥拉斯有成為學者的潛力，並建議他走上這條路。畢達哥拉斯也聽從他的建議，決定致力於研究學問。他為了能成為上一章提到的泰利斯的門徒，便離開了故鄉薩摩斯島。

畢達哥拉斯在泰利斯門下時，努力鑽研數學和天文學。與此同時，泰利斯也把自己的知識全部傳授給這位勤奮的學生。

泰利斯相當肯定畢達哥拉斯的才華，認為他要是一直待在自己身邊，恐怕會埋沒了天分，於是想方設法，讓畢達哥拉斯到埃及遊學一趟。

讓畢達哥拉斯前往埃及學習的事終於實現了，但新的問題也隨之而來。當時如果想在埃及求學，必須到寺

院裡向僧人學習。但埃及的僧人們認為：「外國人都是些身分卑賤的人，不能讓畢達哥拉斯加入我們的團體。」儘管如此，畢達哥拉斯也不是省油的燈，他不斷向僧侶們請求，希望能加入他們。

或許是畢達哥拉斯鍥而不捨的請求奏效了，僧人們便要求：「我們考考你，如果你能正確回答，就可以加入我們。」

當然，僧人們肯定不安好心，他們打算出一些最刁鑽的問題來考倒畢達哥拉斯，好讓他沒有臉再要求加入僧團。

而對畢達哥拉斯來說，如果他沒辦法回答僧侶的問題，也沒有臉再回故鄉了。於是他抱著必死的決心，接受了僧侶的考驗。

之後畢達哥拉斯因完美的解答僧侶提出的難題，總算得到他們的認可，成為其中的一員。如願以償的畢達哥拉斯，十分珍惜每分每秒學習的機會。在埃及鑽研學問的漫長時光裡，據說他還曾到巴比倫遊歷。

畢達哥拉斯結束了在埃及長期的學習後，最終返回

故鄉薩摩斯島。

此後，畢達哥拉斯在義大利南方、名為克羅頓（Kroton）的城市興辦了學校，將他在埃及和巴比倫學到的數學、自然科學和哲學等知識傳授學生。據說，在這所由畢達哥拉斯創建的學校裡，學生們都會別上如下圖這樣的星形徽章。

另外，這所學校還有一個奇妙的規定，就是：「學校成員要團結一致，努力追求學問，且絕不能把研究結果公諸於世。」然而，隨著規模不斷擴大，學校儼然成為了祕密組織，甚至還出手干預國家的政治運作，招致民眾的反感。

之後民眾和學校之間的對立日漸嚴重，終於因為反對派的緣故，使得學校和住家都遭到破壞和焚毀，門徒

的下場都很淒慘。畢達哥拉斯本人雖然有驚無險的逃過此劫，但最後只能在梅達彭提翁（Metapontum）這個地方度過餘生。

接下來，我們來看看畢達哥拉斯曾做過哪些研究，首先就從關於數的研究開始。

在關於數的研究中，畢達哥拉斯尤其關心和圖形密切相關的內容。例如，他就曾針對可以排列成正三角形的數目研究，例如：

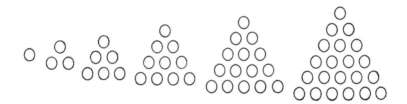

畢達哥拉斯稱這樣的數為三角數。如果按照順序寫下三角數，便如下所示：

1　　　　　　…1

1+2　　　　　…3

1+2+3   ⋯6

1+2+3+4   ⋯10

1+2+3+4+5   ⋯15

1+2+3+4+5+6   ⋯21

⋯⋯。

那麼，排到第五個三角數時，是什麼數字？各位能立刻回答嗎？

$$1+2+3+4+5 = 15$$

答案就是從 1 開始，按 2、3、4、5 的順序相加起來，就能算出。

但除了這種計算方式外，還可以用另一種方法解答。就是像右頁圖這樣，畫出兩個從 1 排列到 5 的正三角形，並將其以反方向排在一起。這樣一來，橫向就有「1+5」個圓圈，縱向則有 5 個圓圈。

這個圖形一共是由（1+5）×5個圓圈組成，而第五個三角數則為（1+5）×5的一半，也就是：

$$\frac{（1+5）\times 5}{2} = 15$$

也就是說，當詢問第五個三角數為何時，可以把1加上5，然後再把答案乘以5後，再除以2就可以了。

現在，請用同樣的方法，計算第100個三角數會是多少。

$$1 + 2 + 3 + 4 + 5 + 6 + \cdots\cdots + 98 + 99 + 100$$

如果用一開始的計算方法求解，算式會變得非常長；

但若是用第二種方法，只需要利用以下算式即可：

$$\frac{（1+100）\times 100}{2} = 5050$$

如何，是不是非常方便？

現在，我們用 n 來代表隨意數字，再用上述第二個算法，便可以快速求出第 n 個三角數是多少。算式如下：

$$\frac{（1+n）\times n}{2}$$

例如，想知道第 100 個三角數是多少，把 n 換成 100 即可。像這樣的式子，便稱為公式。而前述的式子就是求出第 n 個三角數的公式。

除了三角數之外，畢達哥拉斯也曾研究四角數，它排列起來會像下圖這樣，也就是數量可排列成正方形的數字。

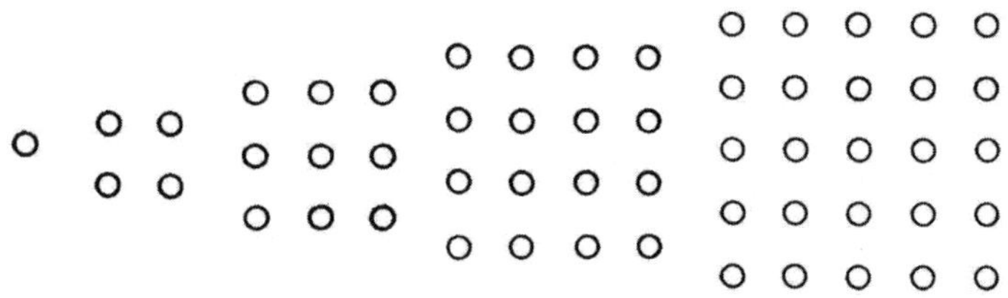

把四角數按順序,從第 1 個往下寫,結果如下:

$1 \times 1 = 1$

$2 \times 2 = 4$

$3 \times 3 = 9$

$4 \times 4 = 16$

$5 \times 5 = 25$

……。

這樣一來,大家應該馬上就知道第 n 個四角數是多少了。沒錯,就是 n 乘以 n。前面曾提過,n 乘以 n 也可以寫成 n^2。

有趣的是,畢達哥拉斯在四角數中,發現了更耐人尋味之處。這裡以第 5 個四角數為例說明。

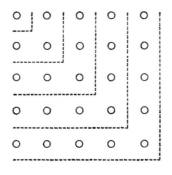

　　上頁圖是將第五個四角數「25」，排列成正方形，再從左上角開始，依次用鉤形來區隔。

　　最左上角鉤形區域裡的數量是 1，下一個是 3，接下來是 5，接著是 7，最後是 9。把這五個數字相加後，就得到第五個四角數 25。

　　相信各位已經發現，1、3、5、7、9 全部都是奇數，且一共有五個數字。若是從 1 開始，依序把奇數相加，當加到了第五個奇數時，剛好就是第五個四角數。

　　同樣的，從 1 開始，依照 3、5、7⋯⋯這樣的順序，一直加到第 n 個奇數時，得到的結果會與第 n 個四角數相同。可以寫成以下公式：

$$1 + 3 + 5 + 7 + \cdots\cdots + (2 \times n\text{-}1) = n^2$$

　　公式裡的「2×n-1」就是指第 n 個奇數。

　　除了上述的三角數和四角數外，畢達哥拉斯也做了各式各樣關於數字的研究。接下來，我們來談談他曾研究的圖形。

　　首先，就從畢達哥拉斯發現了三角形的內角和等於兩個直角，並一一證明開始說起。

　　進入正題之前，必須先說明平行線的特性。

　　首先請各位準備直尺和三角板，接著參照下圖，把直尺放在紙上畫一條直線。然後把三角板的斜邊貼齊直尺畫出的線，接著畫一條橫線。接下來，稍微把三角板貼著斜邊、再往下移動一點，和上個步驟一樣再畫一條橫線。如此一來，就能畫出與下圖最右邊相同的圖形了。從繪圖的方法知道，角 α 會與角 β 相等。當兩條平行的直線與另一條直線相交時，具備像角 α 和角 β 這種關係的角，稱為同位角。

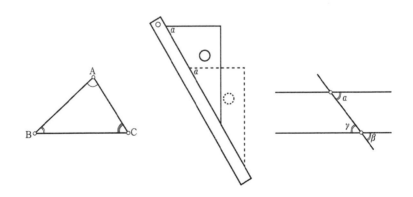

在前面的內容，泰利斯已經證明了對頂角相等。而在前頁圖中，因為角 β 和角 γ 為對頂角，所以兩個角相等，因此角 α 應該會等於角 γ。像圖中兩條直線與另一條直線相交時，有角 α 和角 γ 這樣關係的角稱為內錯角。

再者，當兩條直線與另一條直線相交時，如果內錯角相等，那麼這兩條直線不會相交。以下方法可證明這一點：「假設最初的兩條直線往右不斷延伸，最終會交於一點，但這是不合理的狀況，因此不會相交。」

根據這個論證方法，我們先假設最初的兩條直線不斷往右延伸的話，最終會交於一點。

接著另外畫一條直線，並穿過最初的兩條直線，相交處分別稱為 A 點、B 點，然後取線段 AB 的中間點 M（請參考右頁圖）。接著以 M 為中心，把圖形翻轉 180 度。因為 M 是線段 AB 的中間點，此時原來的 A 點會與 B 點、原來的 B 點會與 A 點重疊。又因為內錯角相等，所以最初的兩條直線也會互換位置、重疊。

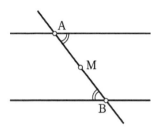

因此，如果最初的兩條直線不斷往右延伸後，最終會交於一點，那麼翻轉後往左延伸的話，也必須交會於一點。

如此一來，兩條線不論是往左還是往右延伸，都會分別相交。但是，我們只能畫出一條通過相異兩點的直線。若是畫出通過相異兩點的兩條直線，就是不合理的情況。

會發生這種奇怪的狀況，是因為一開始假設這兩條直線向右延伸會相交。由此可知，假設兩條直線往右延伸不相交，才符合常理。同樣的，可以得知它們即便往左延伸也不會相交。

現在我們知道，兩條直線同時和另一條直線交錯時，如果形成的內錯角相等，那麼這兩條直線無論怎麼

延長，彼此都不會相交。

數學中，我們把在同一平面上，無論往左或右延伸都不會相交的兩條直線，稱為平行線。

假設有一條直線及線外一點 A，我們可以畫一條通過 A 點，且與該線平行的另一條線，而且平行線只會有一條。

如果通過某直線外的一點，並與原直線並排的線只有一條，且內錯角相等，則兩線平行。由此也可以反推，如果兩條線平行，則內錯角相等。

預備知識就說到這裡。接著就要證明，由畢達哥拉斯發現的「三角形的內角和等於兩個直角」這個定理。

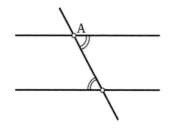
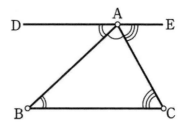

　　首先，假設有一個三角形 ABC，接著畫一條直線 DE 穿過點 A、並與直線 BC 平行（請參考上頁圖右）。

　　基於「若兩直線平行，則內錯角相等」的定理，可知 $\angle ABC = \angle DAB$，$\angle ACB = \angle EAC$。所以可以證明 $\angle BAC + \angle ABC + \angle ACB = \angle BAC + \angle DAB + \angle EAC = 2\angle R$（平角＝ 180 度）。

　　接下來，讓我們來證明著名的「畢氏定理」吧。

　　首先回顧一下該定理的內容：「一個直角三角形中，若夾著直角的兩邊長分別為 a、b，斜邊長為 c 的話，則 a、b、c 三者的關係為 $a^2 + b^2 = c^2$。」

　　為了證明這個定理，首先要畫四個與三角形 ABC 相同的三角形，並如下頁圖右那樣排列，最後會畫出一個大正方形。

　　因為三角形的內角和等於兩個直角（180 度），所以直角三角形的兩個銳角，也就是角「(」和角「((」加起來會是 90 度。

　　由於內部的小四方形各邊邊長都是 c，且各內角都是直角，所以可知是正方形。因為直角三角形 abc 的面

積為：

$$\frac{a \times b}{2}$$

被這四個小三角形包圍的小正方形面積為 c^2，所以整個大正方形的面積，為四個小三角形加小正方形：

$$\frac{a \times b}{2} \times 4 + C^2 = （a \times b）\times 2 + c^2$$

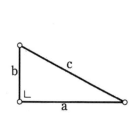

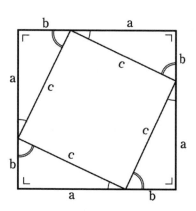

上圖中大正方形的邊長為 a+b，所以可以將大正方形依右頁圖重畫。如此一來，會得到兩個邊長分別為 a 和 b 的正方形，以及兩邊長是 a、b 的長方形。此時大

正方形的面積可以寫成：

（a×b）×2 + a² + b²。

　　這個算式會等於先前的算式（〔a×b〕×2+ c²），兩邊都除以「（a×b）×2」會發現 a² + b² = c²。這就是畢氏定理的證明。

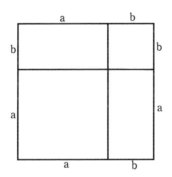

　　除了畢氏定理外，畢達哥拉斯還研究了許多有意思的問題，這裡舉其中幾個和大家分享。不知道各位是否看過下頁這幾個正多邊形？

　　畢達哥拉斯曾經思考：「是否可以用這幾種正多邊

形，來填滿整個平面？」最後得出的答案是只有正三角形、正方形和正六邊形能做到，其他的正多邊形就沒辦法填滿，並證明了這個結論。

用正三角形填滿整個平面，就會呈現如下圖左的圖形；用正四邊形填滿整個平面時，則如下圖中間的圖形。

最後，用正六邊形填滿整個平面時，則呈現如下圖右的圖形，類似蜂巢的形狀。

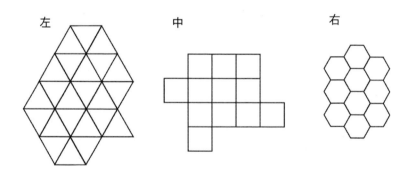

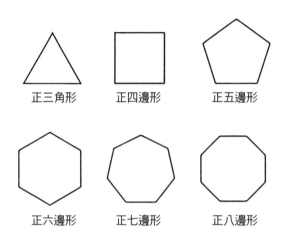

正三角形　　正四邊形　　正五邊形

正六邊形　　正七邊形　　正八邊形

　　如前所述，在平面上繪製的正多邊形，例如正三角形、正四邊形、正五邊形、正六邊形……等，原則上邊數沒有限制。

　　但若換成在空間中繪製正多面體，是否也像在平面繪製正多邊形時，有正四面體、正五面體、正六面體、正七面體……不受面數的限制？畢達哥拉斯也曾研究這個問題，最後他得出的結論，是無法想出面數那麼多的正多面體。

　　畢達哥拉斯發現，我們能實際製作的多面體，只有正四面體、正六面體、正八面體、正十二面體和正二十

面體等 5 種而已。

　　其中的正四面體、正六面體和正八面體，據說是埃及人早已經知道的。但畢達哥拉斯在數學上的功績，是加上正十二面體和正二十面體，讓世人知道正多面體最多只有這 5 種。

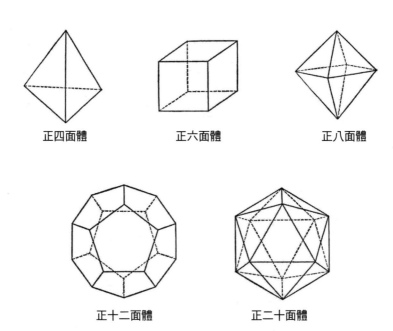

正四面體　　　　正六面體　　　　正八面體

正十二面體　　　　正二十面體

第九章

神諭裡的幾何難題
——蘇格拉底最優秀的學生柏拉圖

想必大家都知道大哲學家蘇格拉底（Socrates）吧。本章的主角柏拉圖（Plato），則是他最優秀的學生。

柏拉圖於西元前 430 年，誕生於希臘最大的城市雅典（Athens）。

在蘇格拉底門下學習時，柏拉圖醉心於哲學研究，之後也成為不亞於老師的哲學家。據說蘇格拉底雖作為老師，也沒有把柏拉圖當成弟子，而是以朋友相待。

然而，正如大家所知，蘇格拉底被判處死刑，最後在監牢裡服毒、結束生命。老師的過世令柏拉圖非常哀痛，便隻身一人踏上旅程，前往他鄉遊歷，長達數十年之久。在這段期間裡，柏拉圖潛心研究哲學和數學，並結交許多哲學家和數學家為友。據說當他停留在義大利時，還曾和畢達哥拉斯學派的人深入交流。

柏拉圖經過了漫長的學習和旅行後返回故鄉，在雅典近郊的阿卡德米亞（Akadēmía）森林附近開設學校。許多聽聞柏拉圖學術盛名的人，還從遙遠的國度前來。

據說，柏拉圖在他開辦的學校門口掛了一塊牌子，上頭用斗大的字寫著：「不懂幾何學的人，不得入學。」

由此可知柏拉圖多麼重視幾何學了。

關於柏拉圖，還有一則有名的故事。

當時，恐怖的傳染病侵擊了希臘的提洛島（Delos），島上每天都有十幾人被奪走性命。當地的居民見狀，認為憑藉人類的力量不可能克服這場瘟疫，於是轉而詢問該島的守護神阿波羅，該怎麼做才能終止疾病蔓延。阿波羅透過神諭說到：「只要你們把神殿中的正立方體祭壇加大一倍，我就立刻終止瘟疫蔓延。」島上居民們聽到神諭後無不歡欣鼓舞，立刻把形狀如下圖甲的祭壇，以兩倍的邊長、重新製作成形狀如下圖乙的祭壇，然後獻給阿波羅。

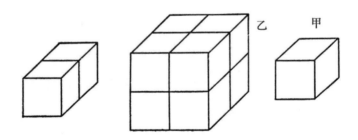

　　島民們原本以為獻上祭壇後，瘟疫應該就會平息下來，然而，疫情非但沒有趨緩，反而越來越嚴重。於是島民們便把神諭的內容，拿去請教一位數學家。數學家了解來龍去脈後，告訴他們：「乙的邊長不過是甲的兩倍而已，如此一來，乙的體積會變成甲的八倍。這麼做只會造成天神不悅。」聽了數學家解釋後，島民們才發現搞錯了，只是把邊長加倍所製作的祭壇，體積會是原本的八倍。

　　於是，島民們又製作了另一個與原祭壇甲一樣大小的祭壇，將其擺放在旁邊，獻給神明。但就算這麼做，瘟疫還是沒有平息的跡象。

　　無計可施的島民只好再次詢問阿波羅，到底哪裡出了問題。這次神諭說：「你們確實把祭壇的大小變成兩倍，但這個祭壇的形狀不是立方體。我想要的新祭壇，是體積為原祭壇的兩倍，且形狀是立方體。」

　　到底該怎麼做，才能在維持立方體形狀的情況下，把體積變成兩倍？

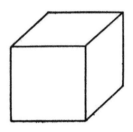

這個問題難倒了島上的居民和那位數學家。不久後，這道難題也傳到了柏拉圖耳裡。

為了島上的居民，柏拉圖開始研究該問題。起初，他想僅靠直尺和圓規來解答，卻怎麼樣也找不到正確的解答。

儘管柏拉圖和他的弟子們都認為，只要使用較為複雜的機器，應該就能找到答案。但柏拉圖說：「如果使用其他方法解決這個問題，會破壞幾何學的美，我還是希望能只憑直尺和圓規找到答案。」只不過事與願違，柏拉圖最終依舊沒能解開這道數學題。

據說提洛島的傳染病不久後便平息了，但該如何只靠直尺和圓規解決這道源自神諭的問題，最終成了一個數學難題流傳下來，一般都稱其為「提洛問題」。

　　除此之外，當時還有兩個問題吸引許多人研究（請
參考下圖）。其一是「如何將任意給定的角分為三等
分」。其二，是「畫出一個正方形，使其面積等於給定
的圓的面積」。

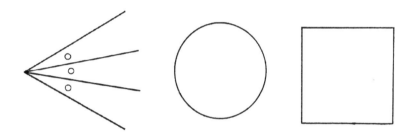

　　當時的人雖然都想單靠直尺和圓規解決這幾道數學
難題，卻依舊想不出解法。據說，的確有人使用複雜的
器械解答，但大多數人的看法都和柏拉圖相同，認為使
用直尺和圓規以外的工具，會破壞幾何學之美。就這樣，
該如何只靠這兩件工具解決這三道難題，吸引人們熱切
投入研究。

　　以上這三個問題被稱為「幾何學三大難題」，在其
後的兩千多年之間一直沒有人解開，直到最近才被逐一

破解。

　　那麼，究竟該如何畫出解答圖形？遺憾的是，雖然問題是破解了，但不是知道畫法，而是後來的人證明，光靠直尺和圓規根本無法畫出解答圖形。

第十章

你現在還在讀他寫的教科書——《幾何原本》作者歐幾里得

　　歐幾里得於西元前 330 年，誕生於敘利亞偏遠的村莊裡。他的父親擔心他無法接受良好的教育，於是告訴他：「你待在這個窮鄉僻壤，什麼也學不到，還是去首都雅典學習吧。」便讓他去雅典遊學了。為了感念父親的恩德，歐幾里得花了很長一段時間，跟隨柏拉圖門下的哲學家和數學家們學習，日後他的名聲也傳遍希臘。

　　當時亞歷山大大帝的繼承人托勒密一世（Ptolemy I Soter），在埃及亞歷山卓建立了以當時的亞歷山大大學為首，包含大圖書館、動物園、植物園和實驗室在內的諸多建築。此舉不但讓亞歷山卓城充滿了學術氣息，該校還集結了當時一流的大學者們在此任教。歐幾里得也是其中一位。

　　提到歐幾里得留下的最大遺產，莫過於他嘔心瀝血完成的幾何學教科書《幾何原本》了。

　　《幾何原本》是歐幾里得在當時的亞歷山大大學任教時用的教科書，而且直到兩千多年後的今天，也依舊被當成教科書，由此可知這本書有多了不起了。當我還在上中學時，學習幾何學時用的課本，其中有七、八成

內容也是出自《幾何原本》。有些人說：「世界上最多人讀過的書，第一名是《聖經》（Bible），第二名則是歐幾里得寫的《幾何原本》。」

《幾何原本》的內容難度，大約是今天中學學生學到的程度，但對於古人來說已經相當困難了。我們從以下這則故事便能知曉。

當時有位青年，決定跟隨歐幾里得學習幾何學。但過了不久後，青年問歐幾里得：「老師，我想知道學習這麼難的學問，到底有什麼用？」歐幾里得聽完學生的話之後，立刻叫來僕人、並說：「拿三枚錢幣給這個學生，因為他認為學習就是為了能立刻獲得回報。」

還有一次，歐幾里得和往常一樣，在亞歷山大大學的課堂上熱情的傳授幾何學時，在臺下認真聽講的托勒密一世問他：「歐幾里得啊！幾何學實在是相當深奧的學問。不知道有沒有什麼方法，可以讓我快一點掌握幾何學的內容？」。看來這門學問的難度，連托勒密一世都吃不消。據說歐幾里得聽了托勒密一世的話之後，面不改色的對他說：「國王啊！幾何學沒有捷徑！」這番

話是指，不經一番刻苦的學習，就算貴為王者，也無法理解幾何學的內容。托勒密一世聽到這番回答後，也只能摸摸鼻子。

接著，我們來談談《幾何原本》的內容。書中第一卷談到直線、三角形和平行線之間的關係。相信各位都很熟悉這些名詞了。

第二卷主要談的是關於長方形的面積。長方形就如下圖所示，一個邊長分別為 a 和 b 的長方形，它的面積是多少？沒錯，就是 a 乘以 b（a×b）。

第三卷主要是談論關於圓。

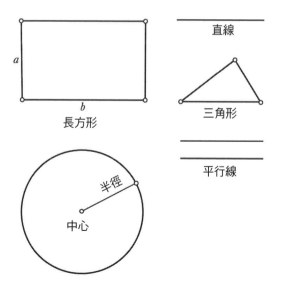

　　所謂的圓，是指與某定點相距一定距離的所有點，所形成的圖形。定點是圓的圓心，相等的距離是半徑，想必各位也已了解這些內容了。

　　連接圓周上的兩個端點後，形成的線段稱為弦。從弦的兩個端點，分別連接到圓周上第三個點後形成的角，稱為該弦的圓周角。

　　歐幾里得做了許多關於圓的研究，接下來就介紹其中一個例子。

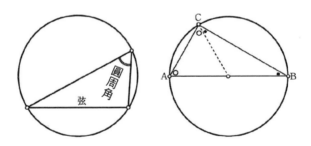

　　在圓的所有弦之中，通過圓心的弦被稱為直徑。現在，我們來證明以下這個定理：直徑面對的圓周角一定是直角。該定理其實是畢達哥拉斯發現的，但歐幾里得的功勞在於，他妥善整理前人的發現，為其建立系統，並附上嚴謹的證明

　　要證明這個定理，首先要從圓心為 O 的圓取直徑 AB，該直徑必然會通過圓心。接下來，在圓周上取一點 C。如此一來，角 ACB 就是直徑 AB 所對的圓周角（請參考前頁圖表）。

　　因為 OA 和 OC 皆為圓的半徑，所以長度相等，由此可知三角形 AOC 是等腰三角形。當然圖中標示「○」的兩個角，角度也會相等。基於同樣的原因，三角形 BOC 也是等腰三角形，所以圖中標示「‧」的兩個角，角度也會相等。因為三角形 ABC 的內角和等於兩個直角（180 度），所以兩個「○」角加上兩個「‧」角也會等於兩個直角。

　　由此可知，一個「○」角加上一個「‧」角便等於一個直角。以上就是角 ACB 為直角的證明。

　　《幾何原本》第四卷的內容，是關於圓的內接和外切多邊形。內接於圓的多邊形，指的是該多邊形的頂點，全部都落在圓周上。例如下頁最左邊的圖，就是內接於圓的五邊形。

　　當一條直線通過圓周上的一點 A，且與 A 點和圓心

連接的半徑呈直角時，會說這條直線外切於該圓，A 點則稱為切點。外切於圓的多邊形是指，該多邊形的每一條邊，都與同一圓相切。下圖最下方的圖形，便是外切於圓的四邊形。

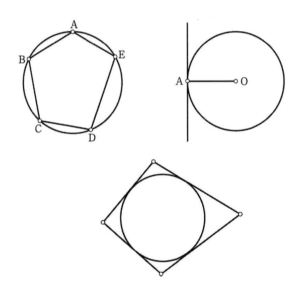

《幾何原本》第五卷談的是比例，第六卷則是關於相似形的內容。當兩個圖形的形狀完全相同，稱為相似。右頁圖便是兩個彼此相似的四邊形。

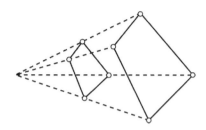

　　它的第七卷到第十卷則是關於計算，從第十一卷到
第十三卷主要討論立體的幾何學。

　　總而言之，《幾何原本》真是一本經典之作。

第十一章

國王的軍事技師——
幾何學之神阿基米德

　　本章主角阿基米德（Archimedes），是被尊稱為「數學之神」的大科學家。

　　西元前 287 年，阿基米德出生於西西里島敘拉古（Syracuse）的下層階級家庭。

　　當時敘拉古的年輕人，都希望能進入位於埃及亞歷山卓的大學求學，阿基米德也不例外。他抱著雄心壯志前往埃及，跟隨歐幾里得的高徒科農（Conon）學習數學和物理。資質出眾的阿基米德很快就展現異於常人的天賦，同儕中無人能望其項背。當阿基米德成為著名的科學家後衣錦還鄉，在當時敘拉古國王希倫二世（Hiero II of Syracuse）的手下工作。

　　希倫二世相當愛才，允許阿基米德自由研究。阿基米德流傳後世的幾本重要科學著作，據說都是在這位國王底下做事時完成的。

　　希倫二世和阿基米德之間，也有不少有趣的故事。

　　有一次，希倫二世打算建造一艘傲視其他國家的大軍艦。負責這項任務的家臣接到命令後，便找來許多能工巧匠，成功的幫國王造出來。希倫二世看到完工的軍

艦後開心不已，他認為只要手裡有這張王牌，就不用擔心其他國家侵略了。

希倫二世還為此舉行盛大的慶祝宴席，並打算親眼見證大船下水。然而，此時眾人才發現大事不妙，因為軍艦過於龐大，根本沒有辦法移動，這也意味著下不了水。軍艦如果只能待在陸地上，該怎麼保家衛國。見此狀況，眾人依舊想不出辦法。

希倫二世當然也相當失望，儘管如此，他身邊卻沒有一個人能想出辦法移動軍艦。

此時，阿基米德成了解決這個難題的最後希望。他挺身而出、對國王說：「我一定讓您看到這艘軍艦徜徉在海上的英姿。」但家臣們聽了他的話之後，都在心裡嘲笑他：「阿基米德就算有通天的本領，憑他一個人也不可能移動這艘大船。現在他一定正在為自己的大話而發愁吧。」

阿基米德首先把發明的一臺機器，放置在離軍艦很遠的地方，然後把一條堅固的粗繩，穿過這個機器上的滑輪，接著把粗繩的另一端緊緊綁在軍艦的船首。完成

前置作業後，他待在遠處，開始緩慢的轉動粗繩的另一端。接著不可思議的一幕出現在眾人面前，原本紋風不動的軍艦竟好像乖乖聽阿基米德的話一樣，逐漸往大海的方向移動，最後終於浮在海面上了。經過這件事後，希倫二世更信任阿基米德了。

阿基米德和希倫二世之間，還有這麼一則趣事。

某一次，希倫二世把一大堆純金交給一名鐵匠，要他製作純金的王冠，作為貢品獻給神明。不久後，鐵匠如期把獻給神明的王冠交給國王。但同時，國王也聽到了流言：「這頂王冠雖然美麗，但其實裡頭摻了不少銀。沒用到的黃金，都被鐵匠私吞了。」

國王心想：「獻給神明的王冠，絕對不能是假貨，我一定要想辦法弄清真相。」於是他找來心腹阿基米德，請他幫忙鑑定王冠。

然而，聰明如阿基米德，遇到這個難題，一時之間也想不出好方法。因為是獻給神明的貢品，絕對不能大意，鑑定的方法也不能破壞或損傷王冠本身。就這樣，雖然阿基米德每天都到實驗室裡思考解決的方法，卻沒

有任何靈感。而且，眼看回覆國王的日子也一天一天逼近了。

　　某天，阿基米德為了轉換心情，決定到澡堂洗個澡。當他踏進放滿水的浴池時，發現水漸漸從浴池溢了出來。他本來整個心思都放在王冠上，突然注意到這個現象，頓時感受到身體好像一下子變輕了一樣。

　　就在這一瞬間，阿基米德突然靈光乍現，接著大喊：「我知道啦！我知道啦！原來是這麼一回事啊！」欣喜若狂的他立刻跳出浴池，連衣服都忘了穿，光著身子穿過市街、飛奔回家。城市的居民看到阿基米德裸奔，都認為：「阿基米德一定是用功過頭，腦筋都出問題了，真可憐！」

　　阿基米德回到家後，立刻走進實驗室開始研究。

　　他透過實驗發現，這頂王冠的確摻了銀。國王了解事情的真相後，為了感謝他的努力，賜給他許多獎賞。

　　話說，其實阿基米德在澡堂泡澡時，發現了以下兩件事。

　　其一，是把物體放進裝滿水的容器後，溢出的水的

體積，會等於該物體的體積。

其二，是把物體放入水中後，該物體減輕的重量，等於相同體積的水的重量。

阿基米德利用這兩個發現，測量王冠、黃金和銀各自的比重（比重指的是，該物體的重量是相同體積的水的幾倍），然後計算出王冠裡金和銀的比例。「把某物體放入水中後，該物體減輕的重量，同等於相同體積的水的重量」，這被稱為阿基米德原理，相信大家應該在課堂上學過。

從前面的故事可以了解，偉大的科學家阿基米德雖然被譽為「幾何學之神」、「幾何學的荷馬」，但他不僅懂理論，而且在實際運用方面也堪稱天才。

當時，迦太基的漢尼拔（Hannibal）繼承其亡父的遺志，率領大軍翻越阿爾卑斯山，攻入羅馬。敘拉古國王希倫二世（Hiero II of Syracuse）因為加入迦太基陣營，而遭致羅馬仇視。於是羅馬派出海陸大軍進攻敘拉古，一場激烈的戰爭已不可避免。

當羅馬大軍團團圍住敘拉古時，身為該城軍事技師

的阿基米德開始展現實力。他不只運用大型鏡片,利用太陽光讓敵艦燃燒,還發明能投擲巨石和巨木的大砲,讓羅馬軍吃了不少苦頭。

然而,不論希倫二世多麼勇敢,阿基米德如何足智多謀,將領們多麼勇於浴血奮戰,小小的敘拉古終究無法抵禦如潮水般湧來的羅馬大軍。敘拉古被攻陷的那一天,城裡到處聽得到刀劍激烈的砍擊聲、傷者發出的慘叫,以及為人父母的求饒聲。

打了勝仗後,羅馬士兵在敘拉古城內大肆劫掠,阿基米德的家當然也無法倖免。但哪怕外頭已經亂成一團了,此時阿基米德仍在家裡的地上畫圓,然後盯著圓陷入沉思。即便羅馬士兵已經包圍著他,他仍不為所動。有些羅馬士兵被阿基米德的行為激怒,於是靠近他身邊,並踩踏地上的圓。

一直在思考的阿基米德見狀後,大吼「不要踩到地上的圓」。無知的羅馬士兵憤怒的說了一句「你這傲慢的傢伙」後,就將利劍刺進他的胸膛。最終,阿基米德倒臥在被鮮血染紅的圓上,就算到了人生的最後一刻,

他依然在研究。

　　雖然他研究過的領域多得難以計數，但其中最著名的是關於球與圓柱的內容。

　　在空間中，從一個定點以相同距離畫出所有點的圖形稱為「球」。而該定點是球的中心，距離相同的長度則是球的半徑。

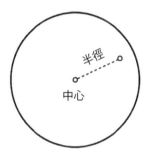

　　通過球的中心所切出的截面，形成的圖形會是一個圓，該圓圓周上的每個點，都會與球的中心保持相同的距離（球的半徑），這種圓稱為球的大圓。而沒有通過球的中心、以一個平面對球切出的截面也是圓形，稱為球的小圓（請參照下頁圖）。

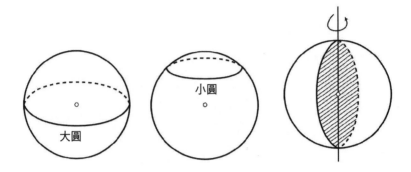

　　有另一個方法可做出球形。請先想像空間中有個圓，然後將圓繞著這個直徑轉一圈，就會得到球形。此時，圓的圓心同樣會是球的中心，圓的半徑也會是球的半徑。而且，最初想像的圓，也是旋轉直徑所形成的球的大圓。

　　假設空間中有一個長方形，接著以該長方形的一邊為軸、旋轉一圈，這樣就會得到如右頁圖，上、下兩面是圓，側面由平行的線段構成的立體圓柱。

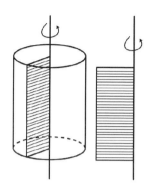

接下來請想像一下，空間中有一個外切於圓的正方形。然後以連接相互面對的兩接點的直線為軸，旋轉一圈。請注意，圓在旋轉一周後會形成球；正方形（或長方形）在旋轉一周後會形成圓柱。這時如下頁圖，我們會說形成的圓柱外切於這個球。

阿基米德曾研究圓柱體的表面積和體積，以及球體的表面積和體積的關係，其內容如下。

首先請回想一下，半徑為 r 的圓，求圓周時用的公式。沒錯，就是直徑乘以圓周率。因為直徑是半徑的兩倍，當圓周率用 π 來表示時，可寫成以下算式：

（r×2）× π

由於前述的圓柱的高，與該圓的直徑相等，因此可
以得出圓柱的側面積為：

{（r×2）× π }×（r×2）= r^2 × π ×4

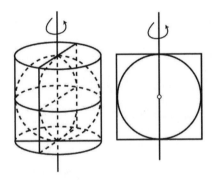

另外，圓柱上方和下方的圓形面積，皆為半徑的平
方乘以圓周率，也就是：

r^2 × π

因此可以算出圓柱整體的表面積為：

$$r^2 \times \pi \times 4 + r^2 \times \pi + r^2 \times \pi = r^2 \times \pi \times 6$$

阿基米德進一步發現，球體的表面積為外切圓柱表面積的三分之二，也就是：

$$r^2 \times \pi \times 6 \times \frac{2}{3} = r^2 \times \pi \times 4$$

所以，半徑為 r 的球體表面積，等於半徑的平方乘以圓周率乘以 4。該公式可以改寫如下：

$$（r \times 2 \times \pi）\times（r \times 2）$$

換句話說，就是球體的表面積，等於大圓的圓周乘以大圓的直徑。接著來談談體積。首先，我們計算一下剛剛想像的圓柱體體積。

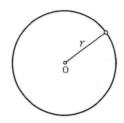

圓柱的底是個圓，半徑為 r，可知該圓面積為：

（r×r）× π

而圓柱的高是 r 的兩倍（直徑），由此可計算出圓柱的體積為：

{（r×r）× π }×（r×2）＝（r×r×r）× π ×2

由於阿基米德證明了半徑為 r 的球體體積，為外切圓柱體積的三分之二，所以可知半徑為 r 的球體體積為：

$$(r×r×r)×\pi×2×\frac{2}{3} = (r×r×r)×\pi×\frac{4}{3}$$

　　這就是求半徑為 r 的球體體積的公式，能先記起來的話，計算時會省力不少。

第十二章

算術與代數的發展

前面和各位讀者談了許多關於幾何的話題，接下來聊聊算術與代數的故事。

前面提到，目前一般使用的1、2、3、4、5、6、7、8、9、0這套方便的數字系統，雖然稱作阿拉伯數字，但實際上是印度人發明的。印度人雖然不太擅長幾何學，但在算數與代數領域卻擁有十足的天才。

他們從很久以前，就已經知道現代人用的計算方法了。例如，以下的計算：

$$\begin{array}{r} 37 \\ +48 \\ \hline 85 \end{array} \qquad \begin{array}{r} 237 \\ +169 \\ \hline 406 \end{array}$$

這是不是和我們用的計算方法幾乎相同？接著看看減法：

$$\begin{array}{r} 62 \\ -\ 35 \\ \hline 27 \end{array}$$

正如各位所知，因為個位數的 2 無法減掉 5，所以從十位數的 6 借 1 過來，就可用 12 減掉 5。

接著來看看乘法：

$$
\begin{array}{r}
34762 \\
\times \quad\quad 4 \\
\hline
139048
\end{array}
$$

只要按照位數一個接一個乘下去，就可輕鬆解答。

除法當然也沒什麼問題：

$$
\begin{array}{r}
3964 \\
9)\overline{35678} \\
27 \\
\hline
86 \\
81 \\
\hline
57 \\
54 \\
\hline
38 \\
36 \\
\hline
2
\end{array}
$$

上述的計算方式，也可以寫成以下這樣：

$$9 \overline{)\,35678}$$
$$3964 \cdots\cdots 餘\ 2$$

　　印度人還發現，某個數除以 9 後得到的餘數，恰好等於把該數字各個位數相加後，再除以 9 得到的餘數，並將這個發現用於驗算。這裡就以前一題為例，被除數各個位數相加：3+5+6+7+8 = 29，再除以 9 後，結果如下，

$$9 \overline{)\,29}$$
$$3 \cdots\cdots 餘\ 2$$

　　結果就和先前計算的一樣。

　　各位知道為什麼會這樣嗎？其實，只要利用下列的思維，就很容易理解。被除數可以改寫如下。

35678 = 30,000 + 5,000 + 600 + 70 + 8

=3×10,000 + 5×1,000 + 6×100 + 7×10 + 8

=3×（9,999+1）+5×（999+1）+6×（99+1）+7×（9+1）+8

$$= (3×9999+5×999+6×99+7×9) + 3 + 5 + 6 + 7 + 8$$

而小括號裡的部分，都可以用 9 整除。剩下的數字之和：

$$3 + 5 + 6 + 7 + 8 = 29$$

再除以 9 之後，就會得到與前述算式相同的餘數。

在先前畢達哥拉斯的章節也提過，把某個數自乘兩次稱為平方。例如，5 的自乘稱作 5 的平方。如果用數字符號表示，可以寫成 5^2，也就是 25。

相反的，若某個數等於另一個數自乘（平方）後的結果，則後者稱為該數的平方根。舉例來說，若是要找出 25 的平方根，就要看哪個數字平方後會是 25。平方根的數學符號為「$\sqrt{25}$」，答案自然是 5。

平方根在日語中也稱為「二乘根」。接下來，請各位試著計算以下這些數的平方根（解答請見第 250 頁）。

$$\sqrt{9} \text{ 、 } \sqrt{64} \text{ 、 } \sqrt{81} \text{ 、 } \sqrt{100} \text{ 、 } \sqrt{144} \text{ 、 } \sqrt{169}$$

求 $\sqrt{9}$ 的計算步驟，稱為開平方。

一個數自乘三次時，稱為該數的立方。例如，2 的立方就是 2 乘以 2 再乘以 2，也可寫成「2^3」，也就是 8。

反過來說，若某個數等於另一個數自乘三次（立方）後的結果，則後者稱為該數的立方根。當我們要算 8 的立方根時，就要找出哪個數自乘三次後會等於 8。用數學符號表示 8 的立方根的話，寫成「$\sqrt[3]{8}$」，也就是 2。

立方根在日語中稱為「三乘根」。接下來，請試著計算以下這些數字的立方根（解答請見第 250 頁）。

$$\sqrt[3]{27} \text{ 、 } \sqrt[3]{125} \text{ 、 } \sqrt[3]{216} \text{ 、 } \sqrt[3]{512} \text{ 、 } \sqrt[3]{1000}$$

求 $\sqrt[3]{27}$ 的計算過程，稱為對 27 開立方。

印度人很早就了解平方和立方的概念，也有很多相關研究。接下來，請各位試著回答以下這道題目：某個數加 3 後會等於 5，請問該數是多少？

如何？這個問題是不是很簡單？加 3 後等於 5 的數，答案當然是：

$$5 - 3 = 2$$

假設我們用符號 x 符號來替代某個數，題型就會變成 x 加 3 等於 5，可寫成算式如下：

$$x + 3 = 5$$

因為算式的等號（＝）兩邊必須相等，兩邊同時減掉 3 後，等號的左、右維持相等，演算的過程如下：

$$x + 3 = 5$$
$$x + 3 - 3 = 5 - 3$$
$$x = 5 - 3$$
$$x = 2$$

答案就是 2。

　　用文字符號代替未知數，接著依照問題敘述列出算式，再藉由計算推導答案，一般稱這種研究數學的方法為代數。前面曾提到，雖然埃及人也懂得這種方法，但進一步發展代數並留下貢獻的，還是印度人。在前面的例子中，算式為：

$$x + 3 = 5$$

　　這個算式也可以改寫成 $x = 5-3$。比較一下兩者，會發現第一個算式中，等號左邊的「加 3」，到了第二個算式變成等號右邊的「減 3」。反過來說，第二個式子中等號右邊的「減 3」，到了第一個式子則變成等號左邊的「加 3」。

　　由此可知，當原本在等號某一邊的數移到另一邊時，就要把加號改成減號，減號改成加號。

　　例如，當看到以下題目：若某數減掉 4 之後是 11，那麼此數為何？

　　首先以 x 代替某數，然後依照問題敘述列出算式：

$$x - 4 = 11$$

如果要計算 x，可以把等號左邊的「減 4」移到右邊，就變成「加 4」，如此便可算出答案。

$$x = 11 + 4$$
$$= 15$$

我們再看下面這題：若某數的 2 倍加 3 等於 15，則此數為何？這裡同樣用 x 代替某數，然後依據問題敘述列出算式，

$$x \times 2 + 3 = 15$$

這時，要把等號左邊的「加 3」移到右邊去，變成「減 3」：

$x \times 2 = 15-3$

就會得到以下算式：

$x \times 2 = 12$

最後，等號兩邊同時除以 2，就可以求出答案：

$x = 6$

在先前的計算中，把加號（＋）和減號（－）移到等號另一側，使其改變的方法，稱為移項。另外，問題算式中出現的「$x \times 2$」和「$2 \times x$」意思相同。因為在代數中，乘號（×）也可以用「‧」代替，所以 ×2 和 2×，也可以寫成 $x \cdot 2$ 或 $2 \cdot x$。但要注意的是，把某數和文字符號相乘時，數字要放在符號前面，所以實際上會以 $2 \cdot x$ 來表示。而「‧」也可以省略，所以「$2 \cdot x$」

可寫成 $2x$。這裡就用新的寫法，重列前面的算式。

$$2x+3 = 15$$
$$2x = 15-3$$
$$2x = 12$$

到這裡為止，大家都了解了嗎？

最後，請各位算算看，以下幾道題目的 x 各是多少（解答請見第 250 頁）。

（1）$x-2 = 5$

（2）$x+5 = 8$

（3）$x-10 = 12$

（4）$2x-3 = 17$

（5）$3x+2 = 11$

（6）$5x-2 = 23$

（7）$10x-3 = 17$

（8）$4x-1 = 11$

　　知名的印度數學家婆羅摩笈多（Brahmagupta）於西元 628 年所寫的《婆羅摩歷算書》（*Brāhmasphu-ṭasiddhānta*），在 1827 年被英國的法官科爾布魯克（Henry Thomas Colebrooke）翻譯成英文。

　　人們從這本書發現，婆羅摩笈多早就已經熟知代數的解法，也就是用符號代替未知數、寫出算式並求解。

　　接著，我們來看看以下這道題目：

$x + 7 = 5$

和前面一樣，把「加 7」移項後，就會變成「減 7」。

$x = 5 - 7$

　　這時遇到了問題，就是 5 沒辦法減 7。

　　相信大家都能順利解出先前的八道題目，但這一題明明和之前的題目形式一樣，卻解不出來，是不是有點鬱悶呢。

　　遇到這類題目時，我們先假設有一條橫線，然後在線上取一點，將該點當作 0。接下來，以固定的間隔為

單位，往右依序標上 1、2、3、4、5……，就能在線上，以刻度的形式表現思考的數字。不僅如此，我們還可以在刻度上做加減法。

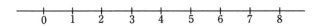

例如，在橫線上計算 5+3 時，首先從 0 往右移動 5 個單位，來到刻度 5。接著，再往右移 3 個單位，就會到刻度 8，正是答案。

接著，來看看減法。當題目是 5-2 時，首先從 0 往右移 5 個單位，來到刻度 5。然後往左移 2 個單位，此時所在的位置會是刻度 3，正是答案。

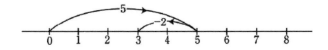

接下來，用相同的思維計算 5-5，首先從 0 往右移 5 個單位，來到刻度 5。然後往左移 5 個單位，此時的位置會是刻度 0，正是答案。

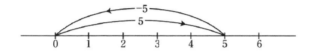

現在，我們回頭看 5-7 這道題。在此也能用相同思維，利用這條線計算。

首先，從 0 往右移動 5 個單位，來到刻度 5。接著，再往左移動 7 個單位，此時位置會落在 0 往左兩個單位的刻度。然而，因為這裡還沒有標上刻度，所以還無法計算。

相反的，只要 0 的左邊也標上刻度，就可以求出答案。但問題是，該如何標示這裡的刻度才好？

　　既然從 0 往右移 1 個單位，是用 0 加 1 表示；那麼從 0 往左移一個單位，當然也用 0 減 1（0-1）來表示。因為 0+1 ＝ +1 ＝ 1，同樣的，0 減 1 就是「-1」（負一）。

　　同樣的，從 0 往左移動 2 個單位，就是 0 減 2，也就是「-2」。

　　像這樣，在橫線上，從 0 往左邊移動就是：

0-1

0-2

0-3

0-4

0-5

0-6 ……。

也可以用以下刻度來表示：

-1

-2

-3

-4

−5

−6 ……。

到了這一步，就能把 0 左邊的刻度化為數字來計算。0 左邊的數稱為負數，與之相對的是 0 右邊的數，稱為正數。如果需要特別標出某數是正數，只要在數字前加上「＋」號就好。

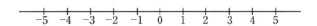

現在，回頭看「5-7」這道題目。首先，找到橫線上刻度 5 的位置，接著往左移 7 個單位，此時顯示的刻度為 −2（5-7 ＝ −2）。

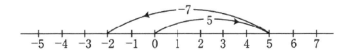

這題的計算也能用以下方式推演：

$$5-7 = 5-（5+2）$$
$$= 5-5-2$$
$$= 0-2$$
$$= -2$$

　　到此為止，各位是否了解什麼是負數了？印度人可是在很久以前，就已經有負數的概念。接著，請各位計算以下幾道題目（解答請見第 250 頁）。

8-3

2-3

5-8

7-4

13-15

3-10

7-10

21-36

接下來，請再挑戰下面幾道題目（解答請見第

250 頁）。

$$x+2 = 8$$
$$x+7 = 2$$
$$x+3 = 9$$
$$x+28 = 13$$
$$x-3 = 5$$
$$x+15 = 10$$
$$x+30 = 17$$

到此為止，相信大家已經知道當小數字減掉大數字時，答案會是負數。

接著請思考一下，若題目裡原本就有負數時，該如何處理？例如以下這個題目：

$$3+（-5）$$

我們可以用以下思維推演。

$$3+（-5）$$
$$=3+（0-5）$$
$$=3+0-5$$
$$=3-5$$
$$=-2$$

換句話說，加上負數後，其實就是減法的計算。

這個題目可以用下圖呈現。首先從 0 往右移 3 個單位，來到刻度 3。接著往左移 5 個單位，此時來到刻度 -2，正是答案。

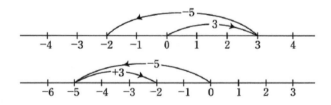

但問題如果變成「（-5）+3」，該如何計算？加法計算時，數字的前後順序不會影響最終結果，因此（-5）

+3 的答案會和 3+（−5）相同。用橫線表示的話，就如
上圖所示，首先從 0 往左移 5 個單位，來到 −5，然後往
右移 3 個單位，會來到 −2，也就是最後答案。

　　接下來，若是以下這道題目，該如何計算：

　　（−2）+（−3）

　　其實觀念和前面一樣，同樣能用以下方式推導：

　　（−2）+（−3）

　　＝（0−2）+（0−3）

　　＝ 0−（2+3）

　　＝ 0−5

　　＝ −5

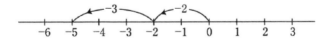

當然也可以如上圖，透過在橫線移動求解。

包含負數的加法計算就談到這裡，接下來說明包含負數的減法計算。首先是以下這題：

（-3）-4

可以用以下方式計算。：

（-3）-4

= （0-3）-4

= 0-3-4

= 0-（3+4）

= 0-7

= -7

當然也可以像右頁圖，首先從 0 往左移 3 個單位，來到刻度 -3，接著再往左移 4 個單位，到刻度 -7，就能得到答案。

如果是下面這道減去負數的計算題，該怎麼做？

5-（-3）

這個問題比前面的稍難，請動腦想一想。首先，以 x 來代替答案，如此一來，算式就會變成：

$$x = 5-（-3）$$

當 + 移動到等號的另一邊會變成 -，當 - 移動到等號另一邊會變成 +，因此算式可改寫為：

$$x+（-3）= 5$$

還可進一步改寫成：

$x-3 = 5$

接著，把 -3 移動到等號另一邊後，算式就變成：

$x = 3+5$

就會得到答案：

$5-(-3) = 5 + 3$

由此可知，減去某個負數，其實就等於加上該數。

例如：

$4-(-2) = 4 + 2 = 6$

$-3-(-5) = -3 + 5 = 2$

$-8-(-3) = -8 + 3 = -5$

到這裡為止，相信各位已經了解正數和負數的加減法。接下來，請各位挑戰下面這幾道題目（解答請見第250頁）。

8-（-3）	3-5
-3 +（-8）	8-11
4-（-3）	-3 + 8
-5 + 8	5-6
-7-（-2）	-3-4
-5-6	-7+4
-5-（-3）	-10-2
-12-（-3）	7-8

完成上述題目後，接下來請求出以下各題的 x 各是多少。

$x +3 = 2$

$$x - 3 = 8$$

$$x + 8 = 6$$

$$x - 5 = -3$$

$$x + (-2) = -8$$

$$x - (-3) = 8$$

$$x - (-8) = 5$$

接下來進入包含負數在內的乘法。首先，請想想以下的答案為何：

$$(-3) \times 4$$

一個數的 4 倍，等於把這個數相加 4 次，所以：

$$(-3) \times 4 = (-3) + (-3) + (-3) + (-3)$$
$$= -(3 \times 4)$$
$$= -12$$

那麼 4×（–3）會是多少？因為數字的順序不會影響乘法的結果，所以答案還是 –12：

$$4 \times （-3） = （-3） \times 4 = -12$$

最後，我們看看負數乘以負數時會如何。請想想以下這道題目的答案是多少？

$$（-3） \times （-4）$$

從前面的計算已知：

$$3 \times （+4） = + （3 \times 4）$$
$$3 \times （-4） = - （3 \times 4）$$

由此可知，乘法算式中，在被乘數維持不變之下，

只要乘數的符號改變了，答案的符號也會改變。例如
（-3）×（+4）＝ -（3×4），算式裡的被乘數是 -3，
如果把乘數從 +4 改為 -4 的話，答案的符號也跟著改變。

$$（-3）×（-4）＝ +（3×4）$$
$$＝ 12$$

整理上述的乘法規則後，結果如下：

（正數）×（正數）＝（正數）
（正數）×（負數）＝（負數）
（負數）×（正數）＝（負數）
（負數）×（負數）＝（正數）

換句話說，相同符號的數字相乘後，答案會是正數；
不同符號相乘後，答案會是負數。至於與 0 相關的乘法
計算，不論是乘以正數、負數或是 0，答案都是 0。

接著，請試著計算以下這幾道題目（解答請見第

250 頁）：

3×（-2）

5×（-4）

（-2）×4

（-3）×8

（-2）×（-8）

（-2）×（-6）

（-7）×4

5×（-3）

　　前面曾提到，兩個相同的數相乘稱作平方。反之，當某數剛好等於另一個數的平方時，後者為前者的平方根。例如，3 就是 9 的平方根，因為：

$3 \times 3 = 9$

但從前一頁提到的乘法規則來看，可知 –3 其實也是 9 的平方根：

$$(-3) \times (-3) = 9$$

因此，必須修正一下先前的內容，9 的平方根應該是 +3 和 –3 才對。

其實印度的數學家婆什迦羅（Bhāskara）很早就了解這個解題方式，他曾說過：「正數和負數的平方皆為正數。正數的平方根有兩個，一個為正、另一個為負，負數的平方根不存在。一個數平方後只可能為正數或 0，絕不會是負數。」

最後談談包含負數在內的除法計算。

首先請思考一下，以下這題的答案是什麼：

$$(-6) \div 2$$

假設答案為 x，算式可以改寫為：

$(-6) \div 2 = x$

這個式子其實等同於：

$-6 = x \times 2$

然後，根據前面的乘法規則可知，x 必須是負數，由此可以得出答案：

$x = -3$

也就是說，以下這個式子：

$(-6) \div 2 = -3$

也等同於：

$6 \div (-2) = -3$

那麼，接下來這題的答案為何？

$(-6) \div (-2)$

同樣用 x 來代替答案，算式可改寫為：

$(-6) \div (-2) = x$

因為 $-6 = x \times (-2)$，所以 x 必須為正數。由此可知：

$x = +3$

也就是：

$$(-6) \div (-2) = +3$$

整理上述的除法規則後，結果如下：

（正數）÷（正數）＝（正數）

（正數）÷（負數）＝（負數）

（負數）÷（正數）＝（負數）

（負數）÷（負數）＝（正數）

和乘法的規則完全相同。請先記住前述要領，接著計算下面幾道題目（解答請見第 250 頁）。

$8 \div 2$

$(-8) \div 2$

$(-16) \div 4$

$12 \div (-3)$

$(-18) \div (-9)$

$(-21) \div 3$

$(-28) \div (-7)$

完成後，接下來計算以下算式中的 x 是多少，相信各位都可以輕鬆解答（解答請見第 250 頁）：

$x + 3 = 7$

$x + 5 = -2$

$x - 3 = 8$

$x + 8 = -4$

$2x + 3 = 9$

$2x + 5 = -7$

$-3x + 2 = 8$

$-3x + 4 = 13$

$-5x + 7 = -13$

　　題目中的 $2x$、$3x$、$5x$，是指用 2、3、5 乘以 x。上述包含未知數 x 在內的等式，稱為方程式。以上幾道題目，又可稱為一次方程式。印度人十分熟悉一次方程式的解法。

　　不僅如此，印度人對於計算如「$x^2+2x-8 = 0$」這種二次方程式，也十分在行。我們來看看他們是怎麼解這類方程式的。

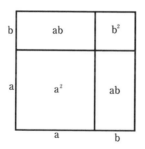

　　先前談畢氏定理時，曾提到單邊的長度為 a+b 的正方形，其面積為邊長為 a 的正方形面積，加上邊長為 b 的正方形面積，再加上邊長為 a、b 的兩個長方形面積（請參考上圖）。可寫成以下算式：

$$(a + b)^2 = a^2 + 2ab + b^2$$

若我們用 x 代替 a，1 代替 b，算式可改寫為：

$$(x + 1)^2 = x^2 + 2x + 1$$

而前面的題目（$x^2 + 2x - 8 = 0$）可改寫成：

$x^2 + 2x = 8$
$x^2 + 2x + 1 = 9$

由此可知：

$$(x + 1)^2 = 9$$

題目就變成求 9 的平方根了。別忘了，9 的平方根有兩個，分別是 +3 和 −3，因此可得到以下兩個算式：

$x +1 = +3$ 和 $x +1 = -3$，$x = 2$ 和 $x = -4$ 便是最後的答案。

前面提到的印度數學家婆什迦羅，其實已經懂得這種解法了。阿拉伯的花拉子密（Al-Khwarizmi，西元 825 年左右的人）也是促進了代數發展的數學家，他所寫的《代數學》（*Al–Jabr*）一書後來傳到歐洲，受到廣泛閱讀。今天，代數的英文寫成「algebra」，據說便是源自於《代數學》的書名。

代數從印度傳到阿拉伯後，又傳進歐洲，最後在歐洲學者的手上進一步發展。

許多我們今天使用的方便符號，都是無數的數學家們在研究過程中構思的。據說維德曼（Johannes Widmann）是第一位使用正、負符號的人；魯道夫（Christoph Rudolff）是第一個使用根號的人；雷科德（Robert Recorde）則是第一個使用等號的人。而第一個使用乘號的人則是奧特雷德（William Oughtred）。

第十三章

英年早逝的數學家
——法國天才帕斯卡

1623 年 6 月，法國的大數學家布萊茲・帕斯卡（Bl-aise Pascal），在奧弗涅（Auvergne）地區的克萊蒙費朗（Clermont-Ferrand）誕生。

他的父親艾蒂安・帕斯卡（Étienne Pascal）是該地的貴族，年輕時曾在巴黎留學、學習法律，之後成為律師。之後還曾擔任法國國王的參事。

艾蒂安・帕斯卡博學多聞，他不但深諳希臘語和拉丁語等古老的語言，在數學和科學技術方面也擁有深厚的知識，據說也對音樂有相當程度的理解。不僅如此，他還經常邀請當時的知名數學家和科學家們到自己家裡，談論科學方面的問題。帕斯卡家的座上賓之中，有一位名叫笛沙格（Girard Desargues）的人，是當時著名的數學家和建築技師，幼小的帕斯卡特別喜歡聽他說話。

有良好教養的艾蒂安・帕斯卡，對兒子的教育也投注相當大的心力。他認為如果在孩子年幼時，就教導他太難的知識，會導致小孩用腦過度，所以打算等到帕斯卡 15 歲時，再教他數學。

與之相對的，艾蒂安・帕斯卡讓孩子的注意力，轉

移到自然界發生的各種現象。

有一天，布萊茲・帕斯卡注意到，用棍子敲打陶盤時，盤子會發出響亮的聲音，但只要用手按住陶盤，聲音就會停止。帕斯卡發現這個現象後，做了很多實驗，最後竟然完成了一篇與聲音有關的論文，他此時只不過是 12 歲的孩子。

雖然帕斯卡的父親在他到了一定年齡前，都不讓他學習數學，但人的天性往往是越禁止，就越想偷偷嘗試。當帕斯卡年紀稍長後，數學對他的吸引力越來越大，但父親依舊不准他接觸數學，於是帕斯卡開始背著父親鑽研。就連到外頭玩耍時，帕斯卡也會在路旁畫圓和三角等圖形，並看著這些圖形思考。就這樣，他在沒有老師教導、也未閱讀相關書籍之下，開始獨自探索數學。

就在某一天，當帕斯卡如往常一樣、在路旁畫三角形，並盯著圖形陷入長時間思考時，他突然靈光一閃，發現原來三角形的內角和等於兩個直角。

先前提過，雖然人類很早就知道這個現象，但帕斯卡僅憑獨自思索、無師自通發現了這個困難的定理。

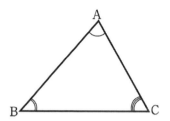

帕斯卡發現這個定理後欣喜若狂，完全忘記父親不允許他學習數學，興奮的向父親分享這件事。

當父親艾蒂安・帕斯卡明白自己的孩子是個數學大天才後，也忘了自己的決定，抱著這個孩子、喜極而泣的告訴他：「做的好極了。」這還是帕斯卡 12 歲時發生的事。

這件事過後，帕斯卡的父親買了許多數學書籍給他，並鼓勵他繼續在數學方面鑽研。帕斯卡獲得這些書後，把它們當成自己的至交，孜孜不倦的學習。另外，父親還親自教授他古典語言、哲學和數學等，在學問的積累上更突飛猛進。

在如此精進努力之下，帕斯卡於 16 歲時完成了《試論圓錐曲線》這篇論文。當時法國的數學大師笛卡兒讀

完該論文後，吃驚的表示：「我實在無法相信，這篇論文竟然出自 16 歲少年之手。」

投影幾何（projective geometry）中著名的「帕斯卡定理」，也是帕斯卡在 16 歲時發現的。然而可惜的是，帕斯卡的健康狀況一直欠佳，雖然他全心投入數學研究，也發現了許多重要的定理，但最後只活了短短的 39 歲，令許多數學家惋惜不已。

為了了解帕斯卡在數學上的成就，下面就為大家介紹什麼是圓錐曲線，以及「帕斯卡定理」的內容。

現在有兩條直線相交於一點 O，若我們把其中一條直線作為軸，另一條直線旋轉一圈的話，就會得到如右頁圖上右的曲面，這種曲面稱為圓錐。

我們還能用不同的方法得到相同的圓錐，做法是先在平面上畫一個圓，然後在此圓的圓心正上方，定出一點 O。接著把 O 點與圓周上的任一點相連，最後讓圓周上的點沿著圓繞一圈之後，就會得到相同的圓錐了。

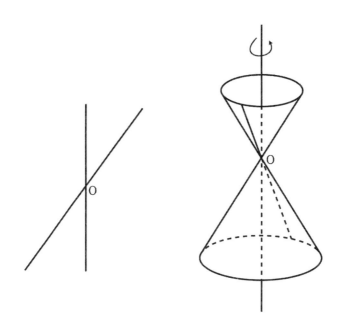

　　在圖形中，O 點稱為圓錐的頂點，描繪出圓錐的直線，稱為該圓錐的母線。

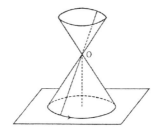

現在做一個與圓錐中的軸呈垂直的平面,這個平面的切口所呈現的圖形,就是大家熟知的圓。

如果稍微傾斜這個平面並切開的話,就會得到如下圖左邊,像是圓受到擠壓後呈現的曲線。這樣的曲線稱為橢圓或長圓。

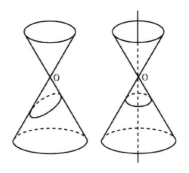

接下來,我們試著加大該平面的傾斜度,如此一來,形成的切口就會如右頁圖左,成為一邊可以無限延伸的曲線。因為這種曲線,很像我們把東西拋向空中時形成的曲線,所以就稱為拋物線。

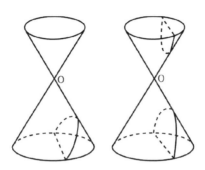

　　如果我們繼續傾斜這個平面的話，切口就會形成在頂點 O 點兩側，往無限方向延伸的曲線，我們稱這樣的曲線為雙曲線（如上圖右）。

　　橢圓、拋物線和雙曲線這三種曲線，乍看之下好像型態各異，但其實都是平面在切開圓錐後形成的切口，而且擁有相同的性質。這些曲線也合稱為圓錐曲線。

　　帕斯卡在他的《試論圓錐曲線》論文中討論的，就是這些曲線的性質。

　　圓錐曲線的特性相當有意思，例如「圓錐曲線之內接六邊形，其三條對邊延伸交點共線」，這就是著名的「帕斯卡定理」，接下來說明該定理的內容。

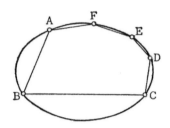

　　首先，「圓錐曲線之內接六邊形」指的是六邊形的所有頂點，都在圓錐曲線上。首先畫一個圓錐曲線，然後在其上取 A、B、C、D、E、F 共 6 個點，接著依序將 6 個點連起來，就能得到內接於圓錐曲線的六邊形了。而線段 AB、BC、CD、DE、EF、FA 則是六邊形的 6 個邊。

　　接著說明什麼是「對邊」。在這個六邊形中，邊 AB 的對邊，指的是往下（逆時針方向）數的第三個邊 DE。依此類推，邊 BC 的對邊就是往下數的第三個邊 EF。最後是邊 CD，它的對邊同樣也是往下數的第三個邊 FA。

　　了解了什麼是對邊後，「對邊延伸交點共線」的意思是，邊 AB 與邊 DE 的延長線、邊 BC 與邊 EF 的延長線、邊 CD 與邊 FA 的延長線，會交於 P、Q、R 等 3 點，

而且這 3 點會在同一條直線上，這就是令人讚嘆的帕斯卡定理（請參考下圖）。

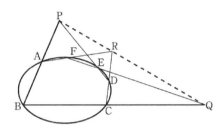

帕斯卡發現這個定理並證明的過程，可謂是嘔心瀝血。其辛苦程度，可以從以下這則故事體會到。

話說，帕斯卡發現了這個定理後，每天都在苦思該如何證明。天才如帕斯卡，在面對這個難題時，同樣覺得相當棘手。直到某天，一位天神出現在帕斯卡的夢裡，賜予他證明該定理的提示後，他終於豁然開朗。從夢中驚醒後的帕斯卡立刻坐到桌前，完成定理的證明。

或許是這個故事太有名了，因此也有人稱圓錐曲線之內接六邊形為「帕斯卡的神祕六邊形」。

第十四章

連接了幾何與代數
——法國貴族笛卡兒

1596 年，笛卡兒（René Descartes）出生在法國的貴族之家。他從小就喜歡數學，並於日後開創了解析幾何學這門學科，將數字與圖形相結合。

笛卡兒長大後曾到巴黎求學，但因為他實在不喜歡貴族的生活方式，所以決定投身軍旅，加入毛里茨（Maurice of Orange）親王的部隊。然而，由於當時部隊的生活過於單調無聊，於是笛卡兒就利用空閒時間，繼續研究他喜愛的數學。

據說關於解析幾何學的構想，是笛卡兒 23 歲時，在多瑙河畔的軍營中睡覺時，於夢中獲得的。

笛卡兒在 32 歲時來到荷蘭，並在當地努力鑽研哲學。9 年後，他出版了近代哲學史上的名著《談談方法》（*Discourse on the Method*），這本書的附錄有 3 篇論文，其中一篇開創了知名的解析幾何學。

晚年時，笛卡兒受瑞典女王之邀，移居斯德哥爾摩，最後在 1650 年因病過世、長眠於此。

接著，我們來了解一下，由笛卡兒開創的解析幾何學，內容到底是什麼。

舉例來說，在 $x+2$ 這個式子裡，x 可以填入任何數值，隨著 x 改變，得到的結果也會不同。我們可以用 $y = x+2$ 這個式子，如下方表格顯示的，呈現出當 x 是某個數值時，y 會是多少。

x	$\cdots$	-4	-3	-2	-1	0	1	2	3	4	5	$\cdots$
$y=x+2$	$\cdots$	-2	-1	0	1	2	3	4	5	6	7	$\cdots$

不知道這張表格，大家還看得習慣嗎？

有些讀者可能看不太懂，但請不用擔心，有個巧妙的方法，可以用圖形清楚呈現 x 和 y 之間的變化。

相信有些讀者已經知道用圖形表示 x 的方法了。沒錯，就是先畫一條橫線，然後在線上標出 0 的位置，接下來再依照刻度，在 0 的右邊標示正數，在 0 的左邊標示負數。

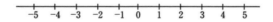

有人可能會說，x 的問題是解決了，但 y 又該如何表示？關於這個問題，笛卡兒想到，既然能用橫線來表

示 x，那麼應該也可以用縱線來表示 y 才對。

　　笛卡兒認為，因為當 x 是 -4 時，y 是 -2，所以可以在橫線刻度為 -4 的地方，往下移動兩個單位，到達的點不就可以用來表示 x 是 -4、y 是 -2 嗎。

　　同樣的，當 x 是 -3 時、y 是 -1，所以只要在橫線刻度為 -3 的地方，往下移動一個單位，到達的點就是 x 為 -3、y 是 -1 的位置了。

　　接著當 x 是 -2 時，因為 y 為 0，所以橫線上刻度為 -2 的地方，就代表 x 為 -2，y 是 0 的位置。

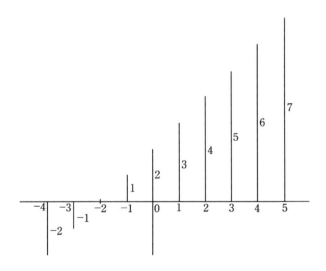

接著，當 x 是 -1 的時候，因為 y 是 1，所以從橫線刻度 -1 的地方，往上移一個單位後到達的點，就是 x 為 -1、y 是 1 的位置。

同樣的，當 x 是 0 的時候，因為 y 是 2，所以從橫線刻度為 0 的地方，往上移兩個單位後到達的點，就是 x 為 0、y 是 2 的位置了。

接下來，當 x 是 1 時，因為 y 是 3，所以從橫線刻度 1 的地方，往上移三個單位，就能代表 x 為 1、y 是 3 的位置。

到這裡，不知道大家是否發現，依照這個方法得到的所有點，可以連成一直線。

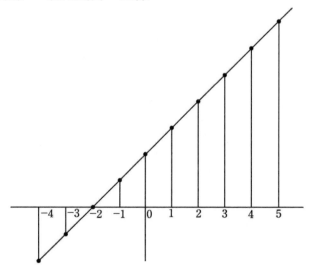

　　這條直線和左頁的圖形相同，但它可以清楚呈現 y ＝ $x+2$ 這個式子中，x 和 y 之間的變動關係，這種圖形稱為二元一次方程式 $y = x+2$ 的圖形（graph），而且這類方程式呈現的圖形會是直線。

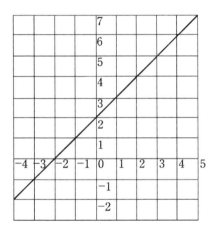

　　另外，在繪製這類圖形時，可使用已經畫好直線和橫線的方格紙（graph paper），會比較方便。因為只須在方格紙上任意找一個點，作為橫線和縱線的基準就行了，兩線的交會處設為 0，橫線的右方是正數，左方是負數；縱線的上方是正數，下方是負數。接著，回頭看 $y = x+2$ 這個式子，當 x 是 -4 時，y 是 -2；x 是 -3 時，

y是 -1；當 x 是 -2 時，y 是 0；當 x 是 -1 時，y 是 1……，依據這個規則找出各點，並連接起來後，會得到一條直線，可呈現 x 和 y 之間的關係。

以上就是 x 和 y 的關係以及形成的圖形，大家不妨動筆繪製看看。

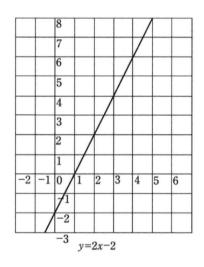

$$y=2x-2$$

數學中，把顯示 x 刻度的橫線稱為 x 軸或橫軸，把顯示 y 刻度的縱線稱為 y 軸或縱軸，而兩線相交處稱為原點。

像這樣，可以用直線表示 x 和 y 兩數之間的關係。

也就是說，可以用平面上直線的幾何思維，替換 x 和 y 之間關係的代數思維。

接下來，我們舉另一個例子：

$$y = 2x - x^2$$

可以用下面的圖形來表示算式裡 x 和 y 的關係。這個圖形其實就是前面提到的拋物線。也就是說，x 和 y 的關係，可以用一條拋物線呈現。這也意味著，x 和 y 之間的代數關係，可以轉而用平面上的拋物線這種幾何思維來表達。

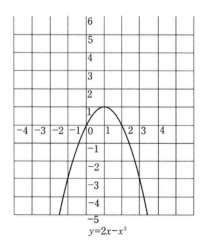

$y=2x-x^2$

　　同樣的，我們也可以從平面上的某個圖形，來找出它的方程式。假設有一個以原點為圓心，半徑為 2 的圓。現在於該圓圓周上取任一點 P，然後從 P 點畫一條垂直於 x 軸的直線 PH。我們可以用原點到 H 點的距離 x，從 H 點到 P 點的距離 y 來表示 P 點位置。因為從原點到 P 點的距離固定是 2，角 OHP 又是直角，因此根據畢氏定理得知，三角形 OHP 中 $x^2 + y^2 = 2^2$。這是從圓周上的 P 點推導出，x 和 y 之間必然成立的關係。

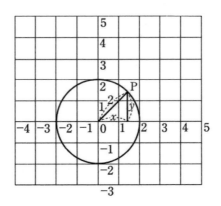

　　承上，用來表示 P 點的兩個數 x 和 y，數學中稱為座標。前面的式子（$x^2 + y^2 = 2^2$），就是「在以原點為

圓心、半徑為 2 的圓，其圓周上取任一點 P，P 點座標 x 和 y 之間必然成立的式子」。這種式子就稱為圓形的方程式。

　　因此，我們研究圖形的性質時，只要研究表示該圖形的方程式所具備的性質就好。用這類方法研究圖形性質的幾何學，便稱其為解析幾何。

　　解析幾何學的發現，是笛卡兒為現代數學留下的最大貢獻。

第十五章

小時候成績吊車尾 ——史上最偉大科 學家牛頓

　　牛頓的大名，我想應該是無人不知、無人不曉，這一章就來談談這位，被譽為人類有史以來最偉大的科學家——牛頓吧。

　　牛頓於 1642 年，出生在英國格蘭瑟姆（Grantham）附近、伍爾索普（Woolsthorpe）的貧困農家。他出生時，父親已經去世，而且他的身體孱弱，讓養育他的母親十分辛苦。

　　11 歲時，牛頓進入格蘭瑟姆的國王學校（The King's School）學習，他在學校裡很喜歡自己動手製作像水鐘、日晷甚至是水車這樣的器械。

　　但不知道是不是體弱多病的關係，牛頓的學習成績一直墊底。不論老師們如何語重心長的告誡他「你得在學習上加把勁兒才行」，還是外祖母要他「多花點心思在讀書上」，抑或是朋友們嘲笑他「你這個吊車尾的」，牛頓總是沉默以對，學業成績也未見起色。

　　班上的淘氣鬼眼見牛頓斯文、好欺負，於是經常嘲笑他，或是動手推他，甚至會踢他。面對同學們的欺侮，沉穩的牛頓也終於發怒了。然而，他採取的方法並非掄

起拳頭找欺負他的人算帳，而是下定決心用功讀書，將來成為偉大的學者，讓這些人刮目相看。

從這一天起，牛頓開始發憤用功，成績也不斷進步，終於成為班上的第一名。牛頓的老師、母親和對他疼愛有加的外祖母看到他的改變無不喜出望外，而牛頓也在努力讀書的過程中發現學習的樂趣，一頭鑽進科學研究的世界之中。據說牛頓年紀輕輕，就已經發明出十幾種東西了。

牛頓生來體弱多病，不適合當農夫，好在他非常喜歡科學，日後還得到伯父的贊助，以公費生的身分，進入劍橋的三一學院（Trinity College）就讀。進大學後的牛頓簡直就是天才，大量閱讀當時被認為艱澀的書籍。其中又以笛卡兒的著作最讓他愛不釋卷。

萬有引力不單是靈光一閃

牛頓在大學求學時，鼠疫曾肆虐過劍橋一帶，學校也因此被迫中止教學。而鼠疫蔓延的期間，牛頓回到故

鄉伍爾索普生活 2 年，看到蘋果落下的著名故事也發生在這個時期。話說牛頓看到蘋果從樹上掉下來，就抱著疑問在心裡反覆推敲：「為什麼蘋果會從樹上掉下來？」幾經思考後，牛頓注意到地球內部一定存在著某股力量，把蘋果往下拉。

接著牛頓還發現，無論蘋果的位置有多高，這股源自地球的力量都會作用到蘋果上。之後他又想到更多問題，例如，這股力量會影響月球嗎？如果會的話，這股力量要多大，才會影響到月球？受到這股力量影響的月球，為什麼不會掉下來？另外，這種力量是否也存在於所有物體之間？牛頓心中開始迸發出種種疑問，促使他更深入探討這一系列問題。最後牛頓終於發現「所有物體都依據相同的法則互相吸引」，這個法則就是著名的「萬有引力」。然而，牛頓絕不是在看到蘋果從樹上掉下來時，就發現了震古鑠今的萬有引力，而是從蘋果落地的現象中得到巨大的啟發，並經過漫長的思考、複雜的計算以及仔細觀察，最終才得出萬有引力的結論。偉大的天才固然需要靈光一閃，但如何進一步發展一閃的

靈光，還得靠不斷的努力。就算天才如牛頓，如果不鍥而不捨的深入探究這個問題，或許也無法得到這麼高的成就。由此可知，牛頓除了是天才之外，還是個努力不懈的人。

回到大學後，牛頓跟著老師巴羅（Isaac Barrow），認真學習數學、物理和天文學。之後在 1668 年、26 歲時取得文學碩士（Master of Arts）學位，並於隔年接替老師巴羅的位置，成為劍橋大學的教授。此後在將近三十年的時間裡，牛頓除了在課堂上教書外，還在數學、物理和天文學等領域之中，取得了許多令人讚嘆的研究成果。

正如前面提到的，牛頓其實早在大學期間，就已經開始獨自進行獨創性的研究。一般認為著名的萬有引力以及微積分的理論基礎，都是在他大學時期的一、兩年間建構起來的。

然而有意思的是，牛頓似乎對公開發表研究發現頗為猶豫。由他執筆的「級數論」以及解說萬有引力的不朽巨著《自然哲學的數學原理》（*Philosophiæ Naturalis*

Principia Mathematica），都是在完成了好幾年後才出版。說明微積分的《流數法》（*Method of Fluxions*）一書，甚至直到牛頓過世 9 年後才出版。

著名的數學家拉格朗日（Joseph-Louis Lagrange）在讀了《自然哲學的數學原理》後，盛讚：「牛頓是有史以來最偉大、同時還是最幸福的天才，因為發現宇宙體系這件事，不會再有第二次。」

1699 年，牛頓被任命為英國皇家造幣局的局長，因而搬到倫敦居住。他還在 1703 年被英國皇家學會的會員們推舉為會長，此後擔任該職直到過世為止。1705 年，英國女王安妮（Anne）授予牛頓爵士爵位，從此牛頓被人們稱為牛頓爵士。

「自然和自然的法則隱藏在黑暗之中。上帝說：讓牛頓出世吧，於是一切豁然開朗」，受詩人波普（Alexander Pope）讚揚的牛頓（按：此為波普為牛頓撰寫的墓誌銘），於 1727 年在世人一片惋惜聲中於倫敦與世長辭，享壽 85 歲。

牛頓雖然總在思考關於科學的事，但他的有趣軼事

其實不少，本章最後就和大家分享幾則。

在一個寒冷的冬夜裡，牛頓坐在生著爐火的壁爐旁，一如往常專注的研究著數學。但室溫隨著燃燒的爐火持續升高，牛頓也開始覺得熱了起來。右臉被爐火烤得通紅的牛頓，便轉個方向讓左臉頰面向壁爐。過了不久後，他終於還是受不了了，於是召來男僕、對他說：「我實在熱得受不了，你幫我想想解決的辦法。」男僕回答牛頓：「先生，請您站起來看看。」於是牛頓把椅子稍微往後移、站起來後說道：「喔，這可真是個好方法。」說完後，又立刻沉浸在他的數學研究中。

據說牛頓非常喜歡貓，甚至還在家裡的牆壁上打了好幾個洞，方便他的貓在室內移動。一天，當牛頓發現他的貓生了一堆小貓後，高興的要男僕在成貓通過的洞旁打個小洞。然而，男僕實在無法理解為什麼牛頓要求他這麼做，於是便詢問牛頓理由。「小的洞是給小貓用的啊」，男僕聽完牛頓的回答後，對他說：「可是小貓也可以通過大洞啊。」這時牛頓才頓時恍然大悟。

第三部

欧拉與一筆畫問題

　　過去的東德曾有一座古老城市，名叫柯尼斯堡（按：Königsberg，歷史上柯尼斯堡曾為德國東部的文化重鎮，但從第二次世界大戰結束後，成為俄羅斯加里寧格勒州的首府加里寧格勒），還有一條名為普瑞格爾（Pregolya）的河，如下圖那樣流經這座城市，這條河上有 7 座橋。

　　距今兩百多年前，柯尼斯堡的居民們提出了一個有趣的問題：「是否能在每座橋只走過一次的情況下，走完這 7 座橋？」

　　雖然當時有許多人都對這個問題很感興趣，也試著解答，卻沒有人能提出完整的解釋，直到大數學家歐拉（Leonhard Euler）出面，才漂亮的解決了這個難題，答案就是「不可能」。

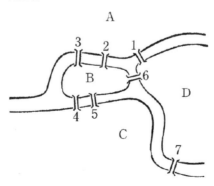

　　其實，我們可以用另一種思維來看這個問題。方法如下圖，把前頁圖中的 A、B、C、D 四個地方以點來代替，然後把 7 座橋想成連結各點之間的線段。如此一來，問題就從原本的「是否能在每座橋只走過一次的情況下，走完這 7 座橋」，變成「是否能在每條線只走一次的情況下，一筆畫出這個圖形」。其中的「一筆」，是指筆不可以離開紙面，而且不能重複畫同一條線。

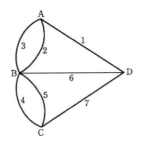

　　換個思維來看，柯尼斯堡的渡橋問題，就轉變成是否能在紙上一筆畫出上圖，也就是所謂的「一筆畫問題」（Eulerian graph）了。接下來，我們先談談一筆畫，再來說明歐拉對這個問題提出的解釋。

首先從簡單的問題開始。請大家試試看，是否能只用一筆，就畫出下圖（甲）。

（甲）

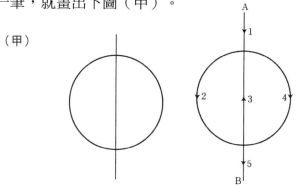

答案如圖（甲）右方所示，只要從 A 點出發，順著箭頭方向，依照 1、2、3、4、5 的順序，就能在 B 點結束，一筆畫出該圖形。

接著，請再試試看，用一筆畫出圖（乙）的圖形。圖（乙）比圖（甲）稍微難一些。

（乙）

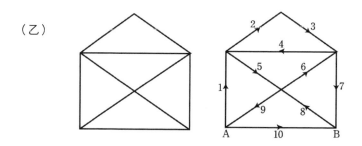

　　大家是否挑戰成功了？答案如圖（乙）右方所示，其實只要從點 A 出發，順著箭頭方向，依照 1 至 10 的順序，就能在 B 點結束，一筆畫出圖（乙）了。

　　接下來，我們再挑戰用一筆畫出下圖（丙）。雖然這次的圖形看起來比較複雜，但其實畫起來比圖（乙）還容易喔。

（丙）

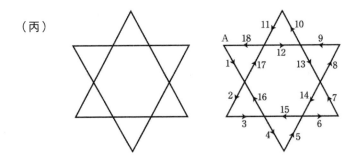

　　答案在圖（丙）右方。方法是從點 A 出發，順著箭頭方向，依照從 1 到 18 的順序，最後回到 A 點，完成該圖形。

　　完成這三個圖形後，現在請回過頭檢視一下，我們是如何畫出這些圖形的。在畫圖（甲）時，我們從 A 點出發、在 B 點結束，畫圖（乙）時也是一樣。但最後的

圖（丙），則是從 A 點出發，最終回到 A 點。

　　請注意一下 A 和 B 以外的點。大家是否發現，與這些點相連的線，數量都是偶數，也就是 2 或 4。這是為什麼？

　　在一筆畫中，既非起點、也非終點的點，就像下圖中的 P。繪製下圖時，無法從 P 點開始或是在 P 點結束，只能不斷重複通過，才能完成。而且只要通過 P 點一次，與 P 點相連的線就會有兩條；通過 P 點兩次，與之相連的線就會變成四條。圖中因為通過 P 點三次，所以有六條線與之相連。由此可以發現，如果一個點既非起點、也非終點，就一定會有偶數條線與它相接，這些點就稱為偶點（even vertex）。

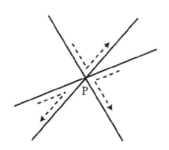

　　我們再用這個詞，重新描述透過以上探討所發現的現象，就是：既不是起點、也非終點，就是偶點。

　　回顧問題（甲）和（乙），兩圖中的 A 點都是起點。再算一下有幾條線與 A 點相接後，會發現在圖（甲）中是一條，在圖（乙）是三條，數字都是奇數。這又是為什麼？

　　要回答這個疑問，請先看下圖。假設圖中的 A 點是起始點（但不是終點），那麼只要從 A 點出發，過程中如果再回到 A 點，就絕不能停留下來。而且只要通過 A 點一次，與該點相接的線就會增加兩條，所以加上最初從 A 點出發時的線，其總數量一定會是奇數。像A 這樣的點，稱之為奇點（odd vertex）。重新整理一下前述內容，可知一個點如果是起始點、但不是終點的話，就會是奇點。

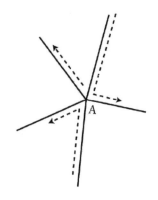

　　基於與前述相同的理由，問題（甲）和問題（乙）的 B 點都是終點，也同樣都是奇點，相信大家已經知道理由了。換句話說，該點如果是終點、但非起點的話，也會是奇點。

　　最後，請想想圖（丙）中的 A 點，它既是圖形的起點、也是終點。所以是偶點，理由大家也都知道了。

　　在此稍微整理前述關於一筆畫的內容：

・既非起點、也非終點的點是偶點。
・起點（但非終點）是奇點。
・終點（但非起點）是奇點。
・既是起點、也是終點的點是偶點。

　　要解答一筆畫問題，只要記住這四個重點就好，以後不論遇到什麼圖形，都難不倒你，這就是破解的奧祕。掌握了要點後，我們再回頭看前面三道題目。

　　首先是圖（甲）（請參考下頁圖），圖形中 A、P、Q、B 四個點，P、Q 是偶點，A、B 是奇點。

　　從前面的四點總結可知，奇點一定是起點或終點，所以圖（甲）不是從 A 點出發、B 點結束，就是從 B 點出發、A 點結束。只要知道起點和終點，其餘就只是研究畫完圖形的路徑而已。

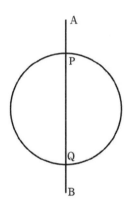

　　接著看圖（乙）（請參照右頁圖）。該圖形中有六個點，其中 P、Q、R、S 是偶點，A、B 兩點為奇點。

　　由前述可知，奇點一定是起點或終點，所以圖（乙）和圖（甲）一樣，一定是從 A 點出發、B 點結束，或是 B 點出發，A 點結束。只要找出起點和終點，接下來只要研究怎麼畫出中間的路徑就好。

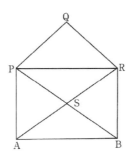

最後看看圖（丙）（請參照下圖）。該圖形中有很多點，實際數過後會發現，這些點全都是偶點。遇到這種圖形，就不用考慮得從哪個點開始、哪個點結束，因為如果從 A 點出發，最後一定會回到 A 點。原因在於最後一筆若是不回到 A 點，A 點就會是奇點了。

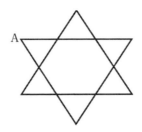

如何？各位是不是已經掌握一筆畫問題的訣竅了？

接下來，請大家挑戰一道新題目。

下圖（丁）雖然看起來很複雜，但解決方法依然是先尋找圖形中的奇點。數過之後會發現，這個圖形中只有 A、B 兩個奇點而已。到此就可以知道，如果要一筆畫完，不是從 A 點出發、B 點結束，就是從 B 點出發，A 點結束。了解這個原則後，畫法其實有很多種，大家也可以參考以下的範例來畫。

（丁）

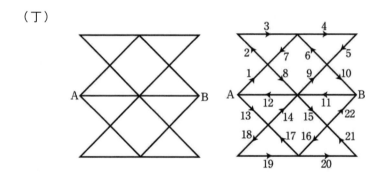

接著看圖（戊）。數過圖中的點之後，會發現全部都是偶點。回想一下前面的內容，碰到這種情形，不論從哪一個點出發，中間經過的路徑為何，最後都會回到同一點結束。

（戊）

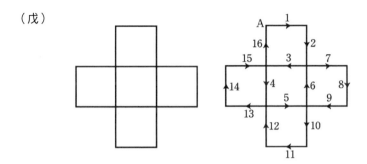

　　例如圖（戊）的右方就是從 A 點出發，最後回到 A 點的畫法，大家也可以想想其他不同的解法。

　　接下來是圖（己），方法和前面相同，首先先找奇點。因為圖形裡的奇點是 A 和 B，所以只要想想看怎麼從 A 點畫到 B 點，或是從 B 點畫到 A 點就好，可以參考右方的例子。

（己）

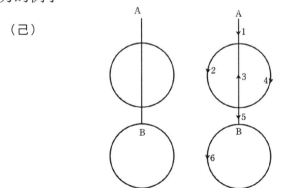

　　右頁列出幾題一筆畫問題，提供各位挑戰。

　　最後，和大家討論一下，與圖（卯）很相似的圖（辰）。第一步還是先找圖形裡的奇點，數完後會發現，圖形中共有 A、B、C、D 四個奇點。但在一筆畫圖形中，奇點一定會是起點或終點。但在圖中，這樣的點卻有四個。我們探討的是一筆畫問題，起點和終點都只能各有一個，由此可知，無法一筆畫出圖（辰）。所以，除了前面總結的四個重點以外，各位可以再加上「圖形內的奇點如果有 3 個以上，無法一筆畫出來」。如此一來，在解一筆畫問題時，就更如虎添翼了。

　　最後，回到本章開頭提到的柯尼斯堡七橋問題。

　　前面曾提過，該問題可以用右頁最下方的圖形呈現。因為圖裡的 A、B、C、D 四個點都是奇點，所以無法一筆畫出來。很遺憾的，歐拉用理論告訴我們，沒辦法在散步時，不重複、一次走完柯尼斯堡全部 7 座橋。

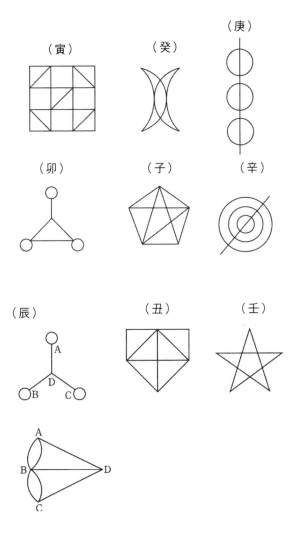

（寅）　　（癸）　　（庚）

（卯）　　（子）　　（辛）

（辰）　　（丑）　　（壬）

【解答】

埃及的數字

（P.45）24、43、124、279、338、2582、31628

巴比倫的數字

（P.62）23、56、145、327、645

各式各樣的記數法

（P.73）37、79、86、243、359、624、826、789、2673

（P.77）38、43、79、87、89、187、379、486、789、2764

（P.78）　CCLXXVIII
　　　　　+DCCCXCIX
　　　　　─────────
　　　　　MCLXXVII

算術與代數的發展

（P.168）3、8、9、10、12、13

（P.169）3、5、6、8、10

（P.174）7、3、22、10、3、5、2、3

（P.180）5、－1、－3、3、－2、－7、－3、
　　　　－15

（P.180）6、－5、6、－15、8、－5、－13

（P.187）11、－11、7、3、－5、－11、－2、
　　　　－9

（P.187）－2、－3、5、－1、－7、－3、
　　　　－12、－1

（P.187）－1、11、－2、2、－6、5、－3

（P.190）－6、－20、－8、－24、16、12、
　　　　－28、－15

（P.195）4、－4、－4、－4、2、－7、4

（P.196）4、－7、11、－12、3、－6、－2、－3、
　　　　4

歐拉與一筆畫問題

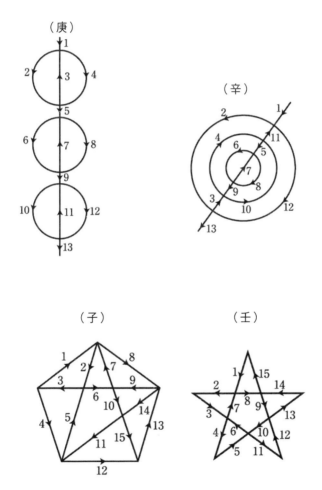

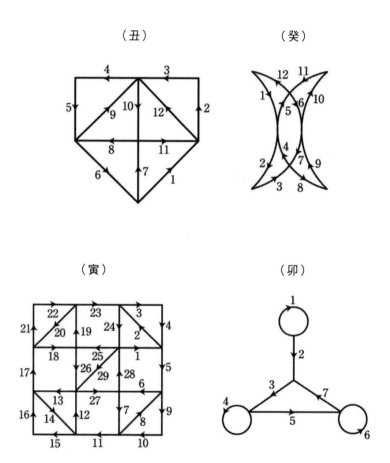

（丑）　（癸）

（寅）　（卯）

數學的發展簡史

　　本書從動物是否具備數字概念、人類的祖先如何認識數字，以及他們是用什麼方法數數兒、過程中手和腳發揮的功能開始，一路談到現在已知人類歷史上最古老的數字——古埃及和古巴比倫的數字是什麼模樣，然後談到數學在古希臘的發展，以至歐洲在繼承古希臘數學的基礎上，由帕斯卡、笛卡兒、牛頓以及歐拉等人，在數學領域留下的偉大成就等，概略的敘述自數字誕生到數學發展的歷程。

　　我開始撰寫本書，可回溯至第二次世界大戰爆發前的 1936 年。撰寫完成後，當時由小山書店負責出版。二次大戰結束，小山書店將這本《讓三代人愛上數學的啟蒙書》納入「梟文庫」系列，我也全面重新改寫書中內容，作為該系列的第五卷重新問世。

　　對我來說，這是我撰寫的第一本書，因此也非常喜愛它。此次承蒙小山久二郎的好意以及角川書店的推薦，本書有幸成為角川文庫的一員再次出版。能讓更多人讀到這本書，實在讓我感到無比的欣喜。

Style 096

讓三代人愛上數學的啟蒙書

日本暢銷90年！銷售破50萬本！古代的數學發明，經歷了什麼故事，變成小學、中學、高中、大學非學不可的公式和原理？

作　　者／矢野健太郎
譯　　者／林巍翰
校對編輯／陳家敏
副 主 編／劉宗德
副總編輯／顏惠君
總 編 輯／吳依瑋
發 行 人／徐仲秋

會計部｜主辦會計／許鳳雪、助理／李秀娟
版權部｜經理／郝麗珍
行銷業務部｜業務經理／留婉茹、行銷企劃／黃于晴、專員／馬絮盈、助理／連玉、林祐豐
行銷、業務與網路書店總監／林裕安
總經理／陳絜吾

出 版 者／大是文化有限公司
　　　　　臺北市 100 衡陽路7號8樓
　　　　　編輯部電話：（02）23757911
　　　　　購書相關諮詢請洽：（02）23757911 分機122
　　　　　24小時讀者服務傳真：（02）23756999
　　　　　讀者服務E-mail：dscsms28@gmail.com
　　　　　郵政劃撥帳號：19983366　　戶名：大是文化有限公司

香港發行／豐達出版發行有限公司Rich Publishing & Distribution Ltd
　　　　　香港柴灣永泰道70號柴灣工業城第2期1805室
　　　　　Unit 1805, Ph.2, Chai Wan Ind City, 70 Wing Tai Rd, Chai Wan, Hong Kong
　　　　　Tel：2172-6513　Fax：2172-4355　E-mail：cary@subseasy.com.hk

封面設計／林雯瑛
內頁排版／陳相蓉
印　　刷／鴻霖印刷傳媒股份有限公司
出版日期／2024年11月初版
定　　價／390元（缺頁或裝訂錯誤的書，請寄回更換）
I S B N／978-626-7539-44-6
電子書I S B N／9786267539460（PDF）
　　　　　　9786267539477（EPUB）　　　　　　　　Printed in Taiwan

國家圖書館出版品預行編目（CIP）資料

讓三代人愛上數學的啟蒙書：日本暢銷90年！銷
售破50萬本！古代的數學發明，經歷了什麼故
事，變成小學、中學、高中、大學非學不可的公
式和原理？／矢野健太郎著；林巍翰譯. -- 初版. --
臺北市：大是文化有限公司，2024.11
256面；14.8×21公分. --（Style；96）
ISBN 978-626-7539-44-6（平裝）

1. CST：數學　2. CST：歷史

310.9　　　　　　　　　　　　　　113013628

SUGAKU MONOGATARI
©Kentaro YANO 1961,2008
First published in Japan in 2008 by KADOKAWA CORPORATION, Tokyo.
Complex Chinese translation rights arranged with KADOKAWA CORPORATION, Tokyo through Keio Cultural Enterprise Co., Ltd.
Traditional Chinese translation copyright © 2024 by Domain Publishing Company